Vincent Jean Victor

Guide de l'astronome débutant

EYROLLES

Chez le même éditeur

T. Legault, *Astrophotographie*, 2006, 156 pages.

Crédits photographiques

Malik Belkadi pages 2 bas, 5 gauche, 5 droite, 30, 60 haut, 60 bas, 61, 62, 89.
Jean-Marc Drouillet pages 71 bas, 78 haut.
Fanck Bouquerel et Florence Clément (http://astrosurf.com/francketflo) pages 82 bas, 83.
Ludovic Jaugey (http://astrosurf.com/astro-jaugey) pages 3 bas droite, 4 droite, 7 haut, 8 haut, 65, 86.
Laurent Laveder (http://pixheaven.net) pages 6, 8 bas, 12 haut, 93.
Valère Perroud (http://astro.perroud-net.fr) pages 10, 63 bas, 68, 70 haut, 73, 78 bas, 90.
Monique Quersin page 9.
Marc Sylvestre (http://astrosurf.com/universia) pages 64 haut, 75, 77 haut, 80 haut, 81 bas.
Société Meade (www.meade.com) pages 26 bas, 27 bas, 37, 41 bas gauche, 41 bas droite, 42 haut, 86.
Société Médas (www.medas.fr) page 38.
Société Orion (www.telescope.com) page 39.
Société Nature & Découvertes (www.natureetdecouvertes.com) pages 25, 26 haut, 36 bas, 40, 41 haut, 53 haut.
L'illustration de la page 49 a été réalisée à l'aide du logiciel Aberrator.
Les illustrations des pages 13 haut, 13 bas, 14 haut, 17 haut, 17 bas, 20 haut, 20 bas, 21, 58, 70 bas, 72 haut, 74 haut, 76 haut, 77 bas, 79 haut, 79 bas, 80 bas, 81 haut, 82 haut, 84 haut, 84 bas ont été réalisées à l'aide du logiciel Starry Night.
Toutes les autres illustrations sont de l'auteur.

À l'occasion de ce nouveau tirage, cet ouvrage a fait l'objet d'un reconditionnement (nouvelle couverture). Le texte et les illustrations restent inchangés.
Éditions Eyrolles
61, bd Saint-Germain
75240 Paris Cedex 05
www.editions-eyrolles.com
Création maquette et mise en pages : Chantal Guézet, Encre Blanche
ISBN : 978-2-212-12573-3

En août 1973, en vacances à l'Île-d'Yeu, un grand-père montrait
Jupiter dans ses jumelles, à son petit-fils âgé de 4 ans et demi.
Une passion naissait. En novembre 2006, une nouvelle étoile
est venue illuminer le ciel de ce petit garçon devenu adulte.

À mon grand-père.

À ma fille.

Remerciements

Je tiens à remercier en tout premier lieu Odile Mériaux pour m'avoir mis le pied à l'étrier.
Merci à Aude Decelle pour ses conseils, sa patience et sa bonne humeur constante.
Merci à Thierry Legault pour ses encouragements et ses conseils éclairés.
Merci à Malik Belkadi, Fanck Bouquerel, Florence Clément, Laurent Bourdin, Jean-Marc Drouillet, Ludovic Jaugey, Laurent Laveder, Valère Perroud, Monique Quersin et Marc Sylvestre pour m'avoir autorisé à exploiter leur talent de photographe.
Merci à Maryline pour son infinie patience...
Enfin, merci à tous ceux qui, de près où de loin, parfois sans le savoir, ont permis que ce livre existe.

Avant-propos

En abordant l'astronomie, de nombreux débutants pensent poser le pied dans un terrain difficile, où un sérieux bagage scientifique, voire mathématique, est indispensable. Ce peut être vrai si l'on approfondit le domaine, mais l'observation astronomique peut aussi être une activité simple, accessible à chacun.

Plutôt que de chercher à tout dire, au risque de rendre les choses compliquées, ce livre a pour objectif d'aider l'apprenti astronome à comprendre, choisir, puis utiliser et profiter de son instrument d'observation, le tout en des termes simples, sans entrer dans les détails. Nous ne parlerons donc pas ou peu d'accessoires, afin de rester le plus accessible possible. D'autres livres existent pour cela. Il sera temps, plus tard, de se procurer ces ouvrages plus ciblés, adaptés à votre façon de pratiquer ce formidable passe-temps.

Mais l'astronomie ne passe pas que par le matériel ! Prenez le temps, parfois, de poser ce livre et de contempler le ciel à l'œil nu, sous un ciel bien noir. La contemplation et le rêve sont souvent la clé de la passion...

Bonne découverte.

Vous pouvez joindre l'auteur à l'adresse suivante : vincentjeanvictor@aliceadsl.fr

Sommaire

Chapitre 1

Que voit-on dans le ciel nocturne ?

Vous viendrait-il à l'idée d'acheter et d'utiliser une voiture sans connaître l'usage que vous en aurez ? Non, bien sûr ! Il en va de même quand on doit choisir du matériel d'astronomie : avant de sonder les profondeurs infinies du ciel nocturne, il faut se demander : « Qu'est-ce que je souhaite observer, là-haut ? » Ce premier chapitre vous aidera à faire le point sur les différents éléments observables dans le ciel.

Les deux types d'objets

Lorsque l'on parle de ce que l'on regarde dans le ciel, on utilise le terme d'« objets ». On distingue plusieurs sortes d'objets qui permettent de distinguer deux types d'observation : les observations planétaires et les observations du ciel profond. Plus simplement, on parle « du planétaire » et « du ciel profond ».

- Le planétaire rassemble les objets appartenant au Système Solaire. Ces objets sont tout petits à l'échelle de l'Univers : leur taille s'exprime en kilomètres. Quant à la distance qui nous en sépare, elle ne dépasse pas les 5 milliards (5 000 000 000) de kilomètres... soit la proche banlieue pour l'astronome !
- Le ciel profond comprend le reste du ciel : nébuleuses, étoiles (observées individuellement ou en amas) et galaxies. Ici, les distances et les dimensions sont gigantesques : les objets les plus proches sont rarement à moins de quelques dizaines d'années-lumière, soit plusieurs centaines de milliers de

milliards de kilomètres (100 000 000 000 000). Autant dire qu'ils doivent être très grands (plusieurs milliers de milliards de kilomètres de diamètre) ou très lumineux (comme les étoiles, par exemple) pour être visibles.

Le planétaire : des observations gratifiantes

Le planétaire concerne principalement 10 astres : Mercure, Vénus, Mars, Jupiter, Saturne, Uranus, Neptune, Pluton, la Lune et le Soleil. Son intérêt réside dans la diversité des détails qu'il offre. Les cibles sont peu nombreuses, certes, mais on peut facilement voir des changements à leur surface : tempêtes de poussière sur Mars, croissant de Vénus, structures nuageuses sur Jupiter, inclinaison variable des anneaux de Saturne, sans compter les multiples éclairages de la Lune, cet astre offrant à lui seul des centaines de soirées possibles d'observations différentes.

▲ *Un ciel urbain n'est pas forcément incompatible avec une observation planétaire.*

La Lune donne un spectacle intéressant avec de faibles grossissements, mais elle offre toute sa splendeur à partir d'un grossissement d'une centaine de fois (voir chapitre 3 page 30). Quant aux autres planètes, une pièce de 1 € vue à 2 mètres donne une approximation de la façon dont

▲ *De gauche à droite : Mercure, Vénus, Mars, Jupiter, Saturne, Uranus.*

on les perçoit en les grossissant une centaine de fois. Pour vous faire une idée, regardez la figure du bas de la page 2 à 1 mètre.
Pour le planétaire, un ciel très sombre n'est pas essentiel, la luminosité de ces objets étant suffisante pour assurer un contraste correct, même dans un ciel urbain.

Les astres faciles à observer

▲ *La Lune constitue toujours un spectacle magnifique.*

Parmi les objets les plus regardés, c'est la Lune, bien sûr, qui arrive en tête. Facilement repérable, c'est de surcroît une merveille à observer avec un instrument : sa surface fourmille de détails, et ces détails changent en permanence d'aspect selon l'éclairage. Elle est de plus visible 2 semaines sur 3.
Au second rang, on trouve Jupiter et Saturne, en raison de leur facilité d'observation. Leur taille respectable et leurs larges périodes de visibilité leur attirent un public régulier, captivé par le spectacle changeant que dévoile la surface de ces énormes planètes.
Puis vient Vénus, qui navigue entre le ciel du matin, juste avant le lever du Soleil, et celui du soir, juste après le coucher du Soleil, à un rythme remarquablement rapide. C'est l'astre le plus lumineux du ciel après le

▲ *Saturne et ses anneaux sont visibles avec les instruments les plus modestes.*

▲ *Le croissant de Vénus change d'aspect selon sa position par rapport au Soleil.*

Soleil et la Lune, mais son observation est souvent gênée par la proximité du Soleil. Sa grande taille apparente et l'évolution de ses croissants lui donnent tout son intérêt, malgré l'absence de détails à sa surface.

Mars, quant à elle, sait se faire désirer : elle est correctement observable pendant environ 6 mois tous les 2 ans et demi. Les télescopes du monde entier sont alors fixés sur elle pour tenter d'y voir ses tempêtes de sable, ses calottes polaires et ses formations colorées, qui peuvent changer rapidement d'aspect. Elle reste assez petite, même avec un fort grossissement.

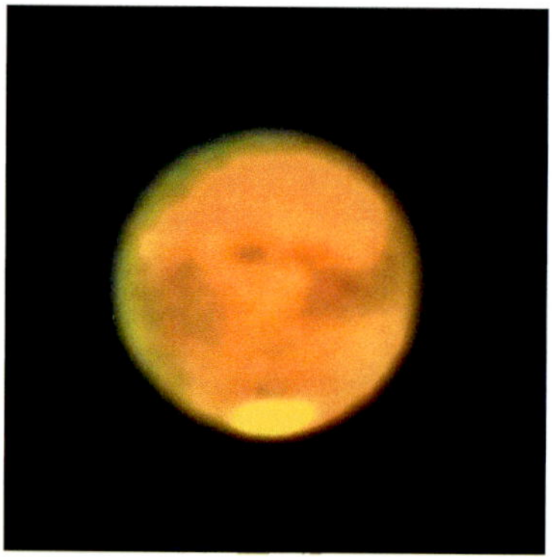

▲ *Quand elle est suffisamment proche, Mars révèle sa surface.*

Et le Soleil ?

Il nécessite un matériel particulier (et souvent coûteux) pour être observé. Sans ce matériel spécifique, son examen peut être dangereux. Nous n'aborderons pas ici en détail cette observation particulière, qui justifierait à elle seule un ouvrage complet…

▲ *Jupiter, escortée par ses satellites, permet des observations variées selon le soir ou l'heure où on la contemple.*

Les astres moins accessibles

Mercure, bien qu'observable, est difficilement visible, car elle est plus proche encore du Soleil que Vénus. Elle est, de plus, plus petite que cette dernière et d'un aspect similaire (en croissant).
Uranus et Neptune sont repérables avec une bonne carte du ciel et un petit instrument, mais leur aspect se résume à un point bleu-vert, très esthétique, certes, mais minuscule.
Ajoutons à cette liste les planètes naines, dont Pluton est l'élément le plus célèbre : même un instrument très puissant n'en montre qu'un point blanc facile à confondre avec une étoile. Pluton n'a d'ailleurs été découverte qu'en 1930, ce qui témoigne de la difficulté que l'on peut avoir à la trouver.

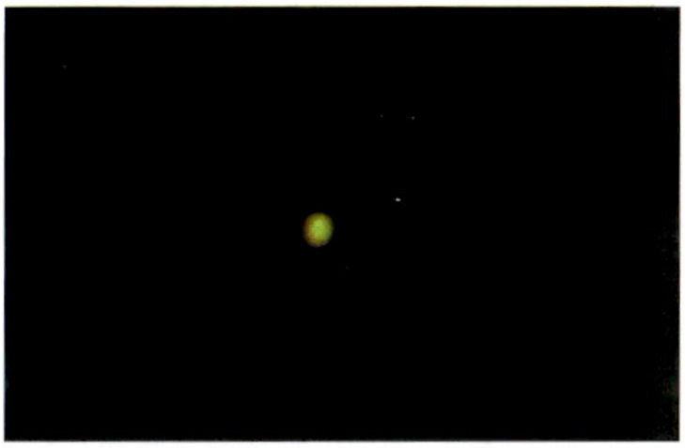

▲ *Mercure est plus éloignée de nous et plus petite que Vénus... Son observation en est d'autant plus difficile.*

▲ *Uranus apparaît, dans un instrument d'amateur, comme un minuscule cercle bleu-vert.*

Autre cas particulier, les comètes qui, bien qu'appartenant au Système Solaire, s'observent dans des conditions similaires à celles exigées par le ciel profond. En effet, leur taille, tout comme leur faible éloignement, leur permet d'être vues sans instrument et *a fortiori* avec de faibles grossissements, à condition toutefois de récolter suffisamment de lumière.
Les autres astres, principalement des astéroïdes, sont appelés « petits corps du Système Solaire », conformément à la décision de l'Union astronomique internationale (UAI) de septembre 2006. Même avec des instruments professionnels, ils sont visibles comme des petits points, comparables à des étoiles faibles, et leur principal intérêt réside dans leur mouvement apparent sur la voûte céleste, mouvement perceptible dans le meilleur des cas dans l'intervalle de quelques heures.

En bref

« Faire du planétaire », c'est observer principalement Vénus, Mars, Jupiter, Saturne et la Lune. Ce sont des astres petits, nécessitant donc des grossissements importants. L'avantage de ce type d'observation, c'est que les planètes sont lumineuses. Elles n'imposent donc pas une pratique dans un ciel très noir et, de fait, leur observation peut être envisagée en ville.

▲ *La comète Hale-Bopp, en 1998, nous a offert un spectacle rare, restant visible plus de 3 mois à l'œil nu.*

Le ciel profond : un domaine difficile

Tout objet ne figurant pas dans le Système Solaire peut être considéré comme faisant partie du ciel profond, ce qui représente donc une quantité énorme d'objets... et une aubaine pour les observateurs avides de nouveautés. Le revers de la médaille, c'est que contrairement au planétaire où l'on peut suivre l'évolution d'une planète, l'observation d'un objet du ciel profond sera la même d'un soir à l'autre, d'un mois à l'autre, d'une année sur l'autre (sauf pour de rares exceptions sortant du domaine accessible au débutant).

D'autre part, même les plus beaux objets ne sont en fait visibles que sous la forme d'une vague tache floue, sauf dans des instruments de très grand diamètre (plus de 250 mm). Toute observation dans un instrument de diamètre modeste (moins de 200 mm) force à l'humilité... et à la patience. Il n'est pas rare de chercher dix minutes un objet qui finalement aura l'aspect d'un nuage laiteux.

Le ciel profond regroupe cinq types d'objets : les nébuleuses diffuses, les nébuleuses planétaires, les amas ouverts, les amas globulaires et les galaxies. On peut y ajouter les étoiles, que l'on observe parfois individuellement lorsqu'elles présentent des particularités.

▲ *La galaxie d'Andromède est souvent perçue au premier abord comme un « nuage laiteux ».*

Les nébuleuses diffuses sont des nuages de gaz où naissent des étoiles. C'est sans doute dans cette famille que se trouvent les plus beaux objets du ciel profond. Attention toutefois à ne pas s'attendre à une vision polychrome : les photos que nous avons l'habitude de voir présentent des couleurs grâce à un temps de pose élevé, mais l'œil ne recueille pas assez de lumière pour les percevoir.
On distinguera tout au plus une sorte de tache laiteuse plus ou moins lumineuse. Une nébuleuse peut facilement avoir un diamètre comparable à celui de la pleine Lune ; inutile donc de la grossir trop.

▲ *La nébuleuse d'Orion est sans doute la plus célèbre. On peut la repérer à l'œil nu.*

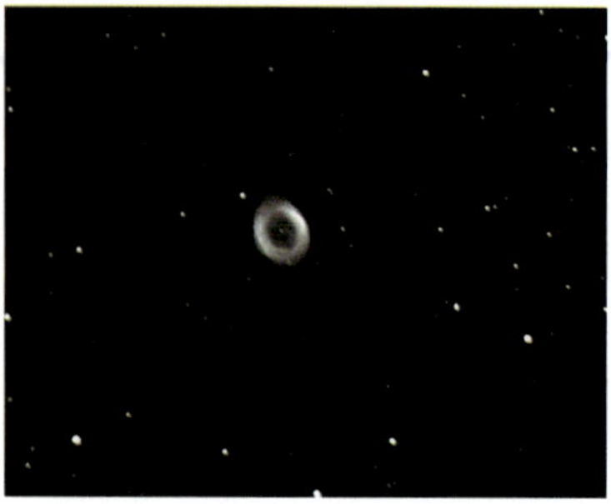

▲ *Tel un rond de fumée, la nébuleuse planétaire de la Lyre est l'une des préférées des astronomes amateurs.*

Les nébuleuses planétaires, comme leur nom l'indique, se présentent sous l'aspect d'une petite tache dont le diamètre apparent n'est guère plus grand qu'une planète. Ces objets résultent de la fin de vie d'une étoile qui éjecte des gaz, formant une véritable bulle autour d'elle. Encore une fois, l'éclat d'un tel astre est faible. On peut assez facilement passer dessus sans le repérer.

Les amas ouverts sont souvent repérables à l'œil nu. Constitués d'étoiles

▲ *Les Pléiades, visibles à l'œil nu, sont parfois confondues avec la Petite Ourse par les néophytes. Elles ont cependant peu de choses en commun !*

Du kilomètre à l'année-lumière

En astronomie, les distances donnent vite le vertige... On s'y retrouve facilement dans le Système Solaire, où l'on peut s'exprimer en millions, voire en milliards de kilomètres, mais dès qu'il s'agit de parler des étoiles, les choses sont plus abstraites : songez que l'étoile la plus proche est à 45 000 milliards de kilomètres... Dès lors, on utilise l'année-lumière, une unité qui correspond à la distance parcourue par la lumière en un an, à raison de 300 000 km par seconde, en chiffres ronds. Une année-lumière mesure donc approximativement 10 000 milliards de kilomètres. Notre étoile voisine se trouve ainsi à 4,5 années-lumière : voila une unité de mesure plus appropriée lorsque l'on parle de galaxies lointaines, parfois situées à plusieurs milliards d'années-lumière...

qui sont nées au sein de la même nébuleuse, ils ont l'aspect caractéristique d'un regroupement stellaire inhabituel. Faciles à voir, ils s'observent à de faibles grossissements.

Les amas globulaires peuvent facilement être confondus avec de petites nébuleuses : trop éloignés pour montrer avec évidence leur composition stellaire, ils apparaissent souvent d'abord comme une petite tache floue. Avec un peu d'attention et un instrument correct, on découvre en fait un regroupement très dense d'étoiles. Plus l'instrument est de grand diamètre et plus l'aspect granuleux de l'amas trahit sa véritable nature.

Les galaxies sont les objets les plus lointains que nous pouvons observer : tous les autres objets sont dans notre galaxie. Ces autres galaxies sont donc considérablement plus éloignées : la plus proche est à 2,5 millions d'années-lumière (voir encadré page précédente) ! Sa taille gigantesque nous permet de la voir grande comme quatre fois la pleine Lune. Pourtant, vous ne l'avez sans doute jamais repérée à l'œil nu, car la luminosité des galaxies est très faible en raison de leur éloignement. Il faut se contenter encore une fois d'une pâle tache laiteuse, dont le contraste optimal requiert un ciel bien noir, et un faible, voire très faible, grossissement.

Les étoiles, dans leur grande majorité, représentent un intérêt mineur pour l'observateur amateur. Toutefois, on peut s'intéresser à leur couleur, parfois très marquée, à leur luminosité, changeante dans le cas des étoiles variables, ou à leurs compagnons, dans le cas des étoiles multiples (le plus souvent doubles, plus rarement triples ou quadruples).

▲ *Une paire de jumelles et un ciel bien noir suffisent à repérer l'amas globulaire d'Hercule.*

▲ *La galaxie du Triangle. Plusieurs centaines de milliards d'étoiles se trouvent dans cette gigantesque spirale.*

Pour observer les plus beaux objets du ciel profond, c'est la quantité de lumière collectée qui importe. Plus l'œil reçoit de lumière, plus il perçoit de détails, sans toutefois pouvoir distinguer les couleurs des nébuleuses dans les instruments de moins de 25 cm de diamètre. Le grossissement, en revanche, n'a qu'une importance relative : une nébuleuse diffuse est souvent déjà visible avec un faible grossissement (10 fois, par exemple), et c'est tant mieux, car le grossissement est grand consommateur de lumière.

En bref

« Faire du ciel profond » c'est observer des galaxies, des nébuleuses, des amas d'étoiles. Ce sont des astres qui requièrent un ciel bien noir et un instrument récoltant beaucoup de lumière, tant leur luminosité est faible. On remarque rapidement que de faibles grossissements permettent de mieux apprécier les beautés du ciel profond. En effet, la luminosité est inversement proportionnelle au grossissement, et de plus, un faible grossissement favorise un champ de vision étendu, propice à montrer l'environnement de l'objet. On améliore ainsi la perception du contraste entre le noir du ciel et la pâle lueur de l'objet.

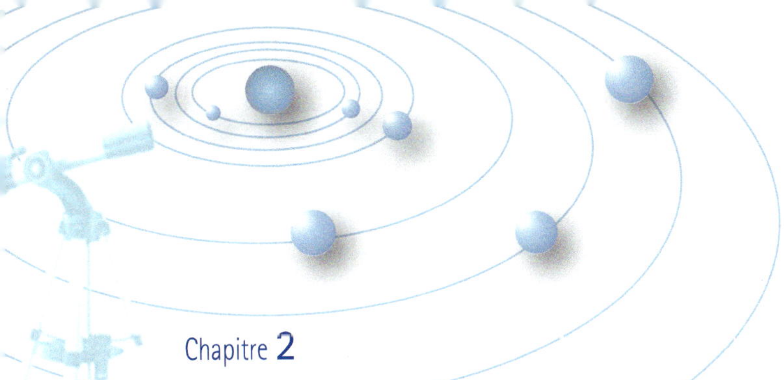

Chapitre 2

Notions de mécanique céleste

Faisons à nouveau l'analogie avec la conduite d'un véhicule : que ce soit un avion, un bateau ou une voiture, elle nécessite de connaître le milieu dans lequel ce véhicule évolue. Il faut alors maîtriser un vocabulaire spécifique adapté à ses mouvements : altitude, tangage, lacet, assiette ou roulis, pour un avion par exemple. C'est la même chose pour l'astronomie : un vocabulaire particulier s'y rattache.
Après vous être familiarisé avec les objets du ciel, il faut donc maintenant découvrir la mécanique céleste afin de pouvoir apprivoiser ces mouvements perpétuels imposés par le ciel.

Les mouvements du ciel

La rotation de la Terre, sa révolution autour du Soleil, l'alternance des saisons, le mouvement propre de chaque planète, sont autant de paramètres qui influent sur la position des objets que vous voudrez observer. L'observateur devra d'abord repérer sa cible, arriver à la pointer, mais aussi la suivre en agissant en permanence sur la monture de son instrument.

Le mouvement diurne

Prenons une photo du ciel nocturne. À condition de faire une pose longue (plus de 15 minutes), la faible lumière des étoiles va finir par se fixer sur la pellicule (ou le capteur, dans le cas d'un appareil numérique). Surprise... le résultat ne ressemble pas à ce que l'on voit la nuit, mais plutôt à des por-

▲ *La trace circulaire laissée par les étoiles révèle le mouvement de la Terre.*

▲ *La monture équatoriale est un moyen efficace pour compenser simplement la rotation de la Terre.*

tions de cercles concentriques. Nous venons de mettre en évidence la rotation de la Terre sur elle-même. En effet, notre planète fait un tour complet sur elle-même en 24 heures ; dans le même temps, le ciel défile sous nos yeux, nous donnant l'impression que c'est lui qui tourne. C'est un handicap majeur pour l'observateur, qui doit compenser ce mouvement en permanence sous peine de voir disparaître rapidement de son instrument l'objet patiemment pointé !

La compensation du mouvement diurne est appelée suivi, en astronomie. Sans suivi, pas de salut ! Mais pour suivre, la mécanique supportant le télescope doit être adaptée à ce mouvement particulier.

On comprend rapidement que la courbe décrite par les astres est difficile à suivre avec des mouvements rectilignes. Il faudrait jouer en même temps sur deux axes, l'horizontal et le vertical, ce qui est délicat avec les instruments les plus basiques, peu précis. En revanche, si l'on applique au télescope un mouvement fluide autour d'un axe parallèle à celui de rotation de la Terre, l'instrument pourra compenser le mouvement nuisible à l'observation. C'est ce que l'on appelle une monture équatoriale. Nous en verrons les détails plus loin (chapitre 3 page 26). L'informatique peut également résoudre ce problème en appliquant au télescope un mouvement régulier et précis des axes vertical et horizontal, calculé par ordinateur (voir chapitre 3).

Le mouvement annuel

Plus long à mettre en évidence, le mouvement annuel est dû à la révolution de la Terre autour du Soleil. Nuit après nuit, notre « fenêtre d'observation » se décale d'environ 1 degré par 24 heures, jusqu'à faire un tour complet, permettant ainsi de voir tout le ciel en 1 an ! Ce mouvement est sans effet sur la manipulation du matériel. Il a pour seule conséquence de nous offrir, de mois en mois, de nouvelles constellations à observer : celles-ci caractérisent ainsi le ciel de telle ou telle saison.

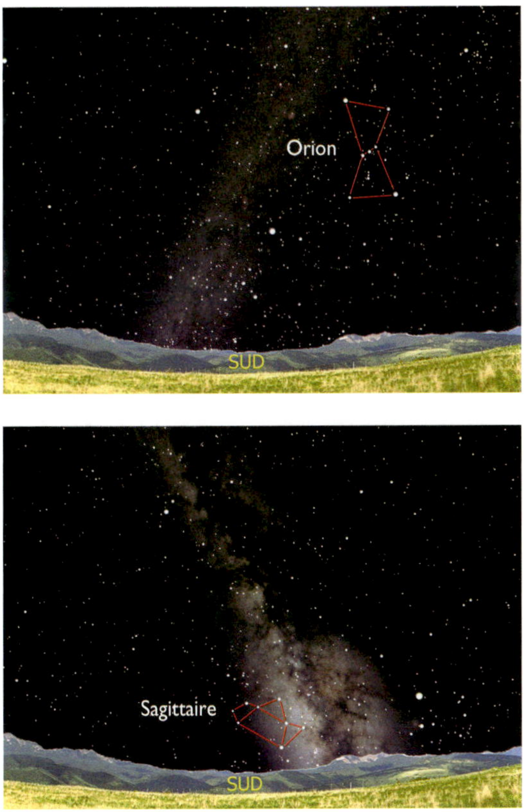

▲◀ *La révolution annuelle de la Terre autour du Soleil explique qu'il y ait un « ciel d'hiver » (en haut) et un « ciel d'été » (en bas).*

La ronde des planètes

Imaginons une route où chacun roule à sa propre vitesse, dans la même direction. Vu de l'extérieur, les choses semblent simples. Mais si l'on est au volant d'une des voitures, le mouvement des autres est perçu différemment : une voiture que l'on double peut donner l'impression de reculer ; une autre qui nous double donne l'impression que c'est nous qui reculons. Il en va de même pour le Système Solaire : chaque planète tourne autour du Soleil, sur une orbite régulière, à une vitesse qui lui est propre. On appelle un tour complet autour du Soleil une révolution. Comme ces mouvements ont tous lieu en même temps, et que la Terre (d'où nous observons) bouge également, la position de chaque planète par rapport aux autres et par rapport aux étoiles change d'une année sur l'autre.

Pour repérer facilement une planète, il suffit de trouver sur Internet ou dans une revue spécialisée, ou encore dans un livre donnant des éphémérides astronomiques précises (voir Annexes), la constellation qui accueille la planète recherchée. Grâce à une carte du ciel, vous pourrez alors repérer cette constellation dans le ciel et vous y verrez un astre, le plus souvent très brillant, qui n'apparaît pas sur votre carte (qui ne comporte que les étoiles). Cet astre ne peut être qu'une planète. Une fois celle-ci repérée, il suffit de la suivre d'une semaine sur l'autre, afin de ne plus la perdre de vue d'observation en observation.

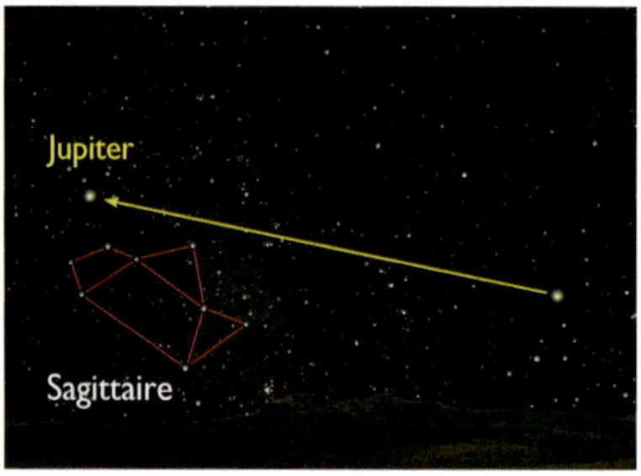

▲ *D'une année à l'autre, les planètes se déplacent sur le fond de ciel : ici, Jupiter est passée d'un côté à l'autre du Sagittaire.*

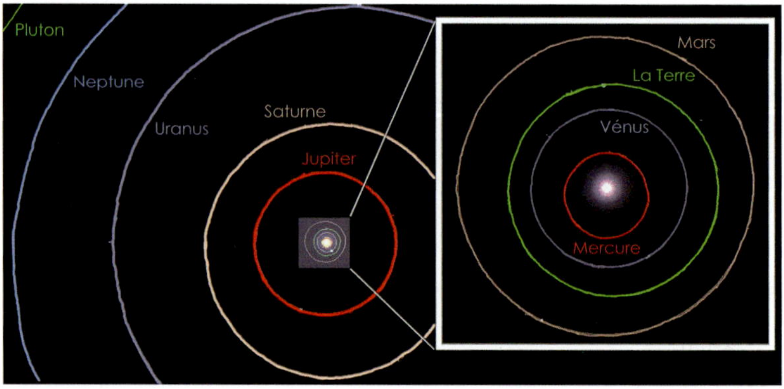

▲ *La Terre, comme toutes les autres planètes tourne autour du Soleil.*

Bien sûr, si les éphémérides vous indiquent que la planète convoitée est dans le Taureau, par exemple, et que vous êtes au mois de juin, vous saurez que son observation est impossible puisque cette constellation n'est pas visible à cette période de l'année ; la planète ne sera donc pas visible non plus.
Le tableau ci-dessous nous apprend que plus une planète est éloignée du Soleil, plus elle se déplace lentement, et plus la distance qu'elle parcourt est grande. On comprend donc que les planètes voisines de la Terre, assez proches du Soleil pour avoir un rythme rapide, seront les plus susceptibles d'évoluer rapidement sur notre fond de ciel.

Rapport entre éloignement du Soleil et vitesse des planètes dans le Système Solaire

	Distance moyenne au Soleil	Durée de révolution	Vitesse moyenne de la planète sur son orbite
Mercure	58 millions de km	88 jours (presque 3 mois)	47,9 km/s (172 440 km/h)
Vénus	108 millions de km	224 jours (plus de 7 mois)	35 km/s (126 000 km/h)
La Terre	150 millions de km	365 jours (1 an)	29,8 km/s (107 280 km/h)
Mars	228 millions de km	687 jours (presque 2 ans)	24,1 km/s (86 760 km/h)
Jupiter	778 millions de km	4 329 jours (près de 12 ans)	13,1 km/s (47 124 km/h)
Saturne	1,4 milliards de km	10 752 jours (presque 30 ans)	9,6 km/s (34 704 km/h)
Uranus	2,8 milliards de km	30 666 jours (plus de 84 ans)	6,8 km/s (24 480 km/h)
Neptune	4,5 milliards de km	60 145 jours (près de 165 ans)	5,4 km/s (19 548 km/h)
Pluton	6 milliards de km	90 673 jours (plus de 248 ans)	4,7 km/s (16 920 km/h)

Le meilleur moment pour observer une planète

Pour observer une planète dont l'orbite est extérieure à la nôtre (Mars, Jupiter ou Saturne), on choisira le moment où elle est au plus près, c'est-à-dire lorsque la Terre et la planète concernée sont du même côté du Soleil. On appelle ce moment la période de l'opposition. Sur le schéma du Système Solaire de la page suivante, Mars est à l'opposition. Le moment est opportun

pour observer cette planète, puisqu'elle se rapproche alors à moins de 60 millions de km, tandis que sa position la plus distante l'éloigne à presque 400 millions de km de la Terre.
Pour observer une planète située sur une orbite intérieure à la nôtre (Vénus ou Mercure), la période propice commence au moment où la planète forme un angle le plus ouvert possible à l'est du Soleil, dans le ciel. On appelle cette position l'élongation maximale est. La planète est alors éclairée de côté et forme un quartier. On peut continuer les observations de semaine en semaine, le quartier évoluant en croissant (voir photo de Vénus p. 3), jusqu'à ce que la planète soit tellement proche du Soleil dans le ciel que la lumière de celui-ci rende toute observation impossible. Quelques jours après le passage de la planète au plus près de la Terre (on dit alors que la planète est en conjonction avec le Soleil), on la retrouve de l'autre côté du Soleil. Dès lors, elle est observable au petit matin, se levant quelques minutes à quelques dizaines de minutes avant le Soleil. Sa taille diminue de semaine en semaine, au fur et à mesure qu'elle s'éloigne de nous. Dans le même temps, le croissant redevient progressivement quartier. Après l'élongation maximale ouest (la position où l'angle formé avec le Soleil est le plus ouvert vers l'ouest), le quartier évolue jusqu'à ce que la planète redevienne ronde. L'observation est alors de moins en moins intéressante en raison de la faible taille apparente de l'astre.

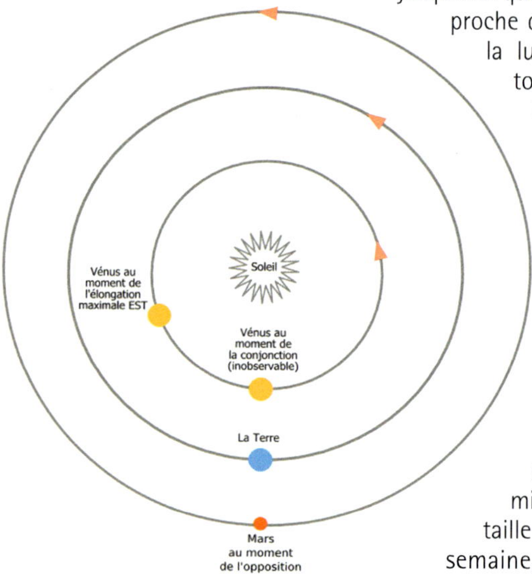

Le vocabulaire du ciel

Pour appréhender les mouvements célestes, il est nécessaire de maîtriser un vocabulaire spécifique. En premier lieu, il est indispensable de différencier les deux façons de situer un astre : soit par rapport à l'horizon (azimut et altitude), soit selon ses coordonnées célestes (déclinaison et ascension droite).

L'azimut et l'altitude

Pour décrire la position d'un astre à un moment donné et dans un lieu donné, on peut prendre des repères terrestres. Ainsi, on pourra dire d'un astre qu'il est, par exemple, « juste à gauche de la cheminée du voisin »... Plus scientifiquement, on utilise des coordonnées en azimut et en altitude.

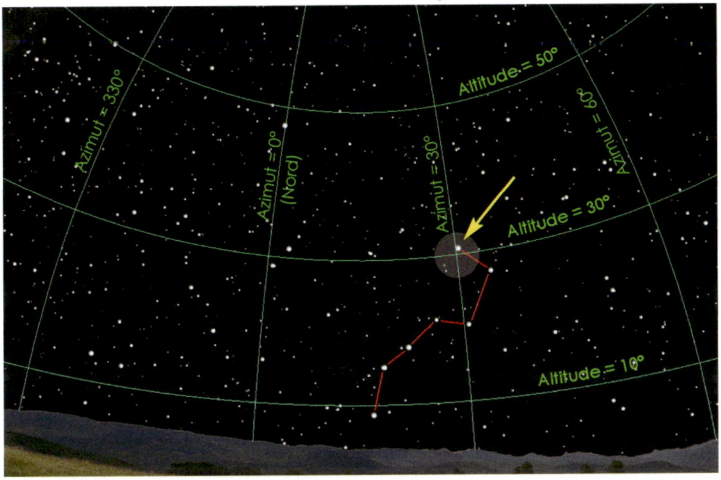

▲ *L'étoile Dubhé, dans la Grande Ourse, se trouve ici à 30° d'azimut et 30° d'altitude.*

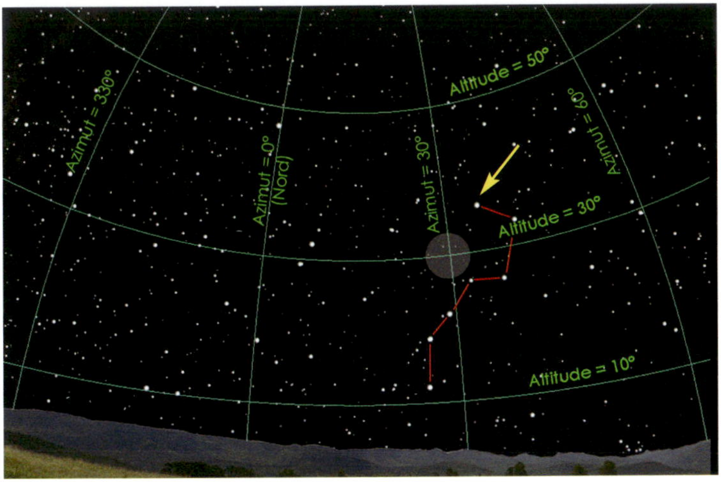

▲ *Une heure plus tard, Dubhé a bougé, mais la grille de coordonnées altitude-azimut reste fixe par rapport à l'observateur.*

L'azimut indique la direction dans laquelle on regarde, en prenant le nord comme origine. Ainsi, l'est est à 90°, le sud à 180° et l'ouest à 270°, alors que le nord correspond à 0°.
Pour l'altitude, on part du point zéro situé à l'horizon, ou plus précisément à l'horizontale (on ne tient pas compte d'une éventuelle colline ou montagne), pour arriver à 90° à la verticale du point d'observation.
Ces coordonnées, parfois appelées coordonnées altazimutales, ont le mérite d'être simples à comprendre. Elles ont en revanche deux gros inconvénients. Le premier est qu'elles dépendent de l'endroit d'observation et ne sont donc pas transposables à un autre lieu. Le second est de ne pas prendre en compte les mouvements apparents du ciel. Ainsi, pour suivre un astre situé par exemple à 45° d'azimut et 30° d'altitude avec une monture ne permettant que des mouvements en altitude et en azimut, il faudra agir sur les deux axes pendant toute l'observation.

La déclinaison et l'ascension droite

Pour situer un astre avec précision, rien ne vaut les coordonnées équatoriales. Avec ce système, on peut indiquer un point dans le ciel en ascension droite et en déclinaison, sans se soucier du lieu ni du moment de l'observation. On peut comparer l'ascension droite (parfois appelée RA ou Alpha) à la longitude terrestre : on change de longitude ou d'ascension droite en se déplaçant d'est en ouest ou inversement. La déclinaison (parfois appelée Dec ou Delta) est comparable à la latitude terrestre : on change de latitude ou de déclinaison en se déplaçant du nord au sud ou inversement. Voyons ce système de coordonnées de plus près.
Imaginons-nous à la surface d'une balle de ping-pong, positionnée en plein centre d'un ballon sphérique de

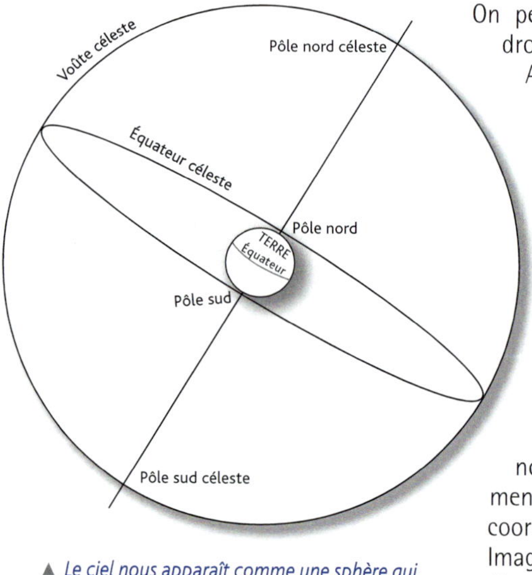

▲ *Le ciel nous apparaît comme une sphère qui nous entoure. Les pôles célestes et l'équateur céleste sont la projection des pôles et de l'équateur terrestres sur cette sphère imaginaire.*

10 mètres de diamètre. La balle de ping-pong figure la Terre, tandis que la voûte céleste est représentée par la surface intérieure du ballon. En réalité, les étoiles devraient être bien au-delà, et à des distances différentes. Toutefois, la vision que l'on a des étoiles est bien représentée par cette analogie. Imaginons maintenant un observateur situé sur la balle de ping-pong et qui, tout en marchant à la surface de la balle, éclaire exactement à sa verticale avec un rayon laser. Tandis qu'il aura fait le tour de la balle (la Terre) en suivant l'équateur, son laser aura dessiné sur la surface interne du ballon (la voûte céleste) un cercle divisant le ciel en deux hémisphères. Cette projection de l'équateur sur le ciel s'appelle l'équateur céleste. En suivant la même logique, le point situé juste à la verticale du pôle nord de la balle-Terre est le pôle nord céleste, et le point situé juste à la verticale du pôle sud est le pôle sud céleste.

En se déplaçant de l'équateur céleste vers le pôle nord céleste, on monte en déclinaison, l'équateur étant à 0° et le pôle nord céleste à 90°. Inversement, en se dirigeant vers le pôle sud céleste, on descend en déclinaison pour aller de l'équateur (0° de déclinaison) vers le pôle sud céleste (- 90° de déclinaison). La déclinaison est donc la projection de la latitude terrestre sur la voûte céleste.

Perpendiculairement à la déclinaison, on trouve la projection de la longitude terrestre dans le ciel : c'est l'ascension droite. De même que, sur Terre, les méridiens relient les pôles nord et sud, matérialisant ainsi la longitude, l'ascension droite est représentée par des lignes reliant les pôles célestes nord et sud. Comme sur Terre, on a divisé la voûte céleste en 24 secteurs gradués en heures (voir encadré ci-dessous).

Ces graduations (ascension droite et déclinaison) quadrillent le ciel ; chaque étoile ou objet céleste a donc des coordonnées immuables. Ainsi, si on reste quelques heures à regarder le ciel, les coordonnées en altitude et azimut d'un astre changent, alors que son ascension droite et sa déclinaison restent inchangées, tout du moins en ce qui concerne les étoiles,

Ne pas confondre

Il est important de bien différencier les heures, minutes et secondes qui caractérisent l'ascension droite, des degrés, minutes et secondes qui caractérisent la déclinaison. En effet, la déclinaison utilise les unités d'angles classiques que sont les degrés, divisés en minutes et secondes. Un tour complet correspond donc à 360° multiplié par 60, soit 3 600 minutes d'angle.

En revanche, les 24 heures d'ascension droite correspondant à un tour complet du ciel, un tour complet en ascension droite correspond à 900 minutes d'angle (360° divisé par 24 heures, soit 15° multiplié par 60 minutes).

Ce résultat très différent montre que, si elles portent le même nom, les minutes et secondes d'ascension droite et de déclinaison n'ont rien à voir entre elles.

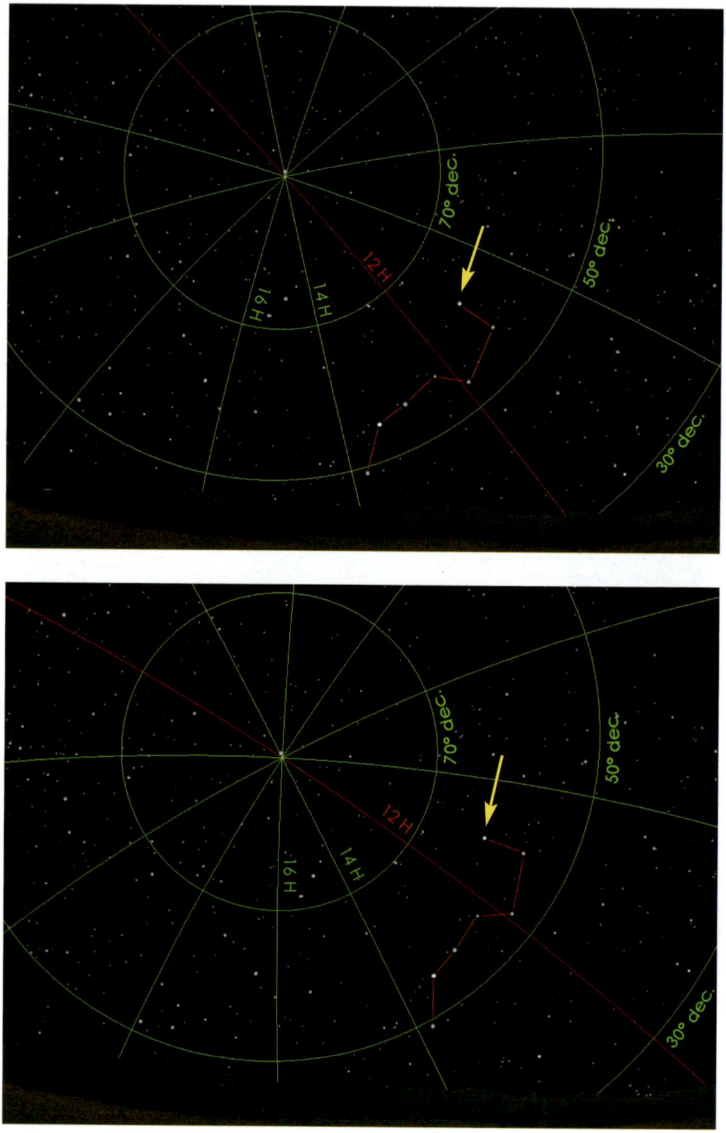

▲ *L'étoile Dubhé, dans la Grande Ourse, se trouve à 11 h 04 min d'ascension droite et 61° 45 min de déclinaison. Une heure plus tard, tout le ciel a bougé, entraînant avec lui la grille de coordonnées d'ascension droite et de déclinaison. Ainsi, Dubhé garde toujours les mêmes coordonnées.*

nébuleuses et galaxies. Pour les planètes, la Lune et le Soleil, les choses diffèrent : tous ces astres sont situés dans le Système Solaire et leur position relative par rapport aux étoiles bouge.
Leurs coordonnées changent donc progressivement de jour en jour. Toutefois, elles resteront toujours à proximité de l'écliptique. Il s'agit d'une ligne qui matérialise la trajectoire du Soleil dans le ciel, par rapport aux étoiles, au cours d'une année. Les planètes et la Lune tournant autour du Soleil quasiment dans le même plan, on les retrouve toujours près de cette ligne. Ainsi, au cours de sa révolution autour du Soleil, une planète traverse dans le ciel 13 constellations, celles-là même que le Soleil traverse en 1 an. Pour simplifier, on parle souvent de l'écliptique comme d'une zone où les planètes circulent, même si, au sens strict, elles en sont simplement proches.

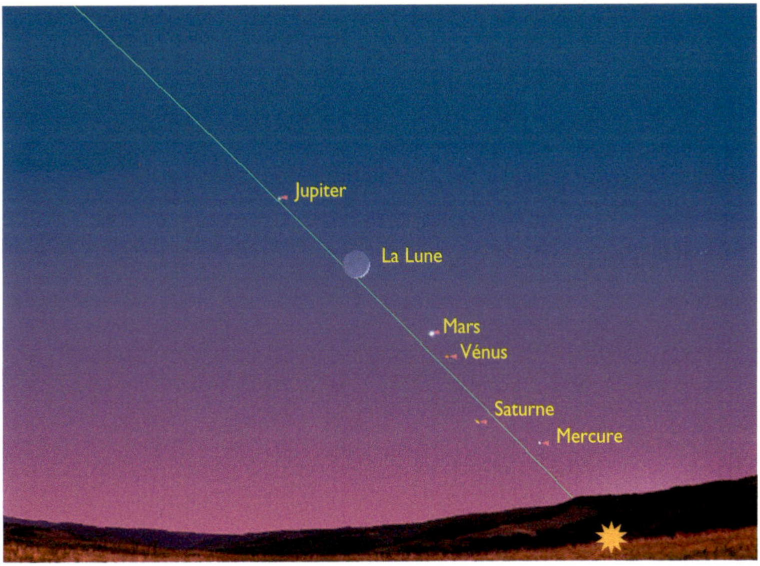

▲ *Au soir du 15 mai 2002, l'alignement du Soleil, de la Lune et des planètes permettait de matérialiser facilement l'écliptique.*

Parlons quelques instants de la position de l'écliptique dans le ciel. Nous pouvons imaginer cette ligne en voyant la course du Soleil en une journée. On constate ainsi qu'elle est haute en été et basse en hiver. La situation est exactement inverse la nuit : l'écliptique (et donc la Lune et les planètes) est haute en hiver et basse en été. Les planètes sont donc plus intéressantes à observer en hiver, car elles montent plus haut dans le ciel et ont ainsi moins d'atmosphère à traverser pour nous offrir leur lumière – celle-ci nous arrive en effet de façon plus directe que lorsque les planètes sont basses et que l'angle formé avec l'atmosphère est plus important (voir schéma ci-dessous).

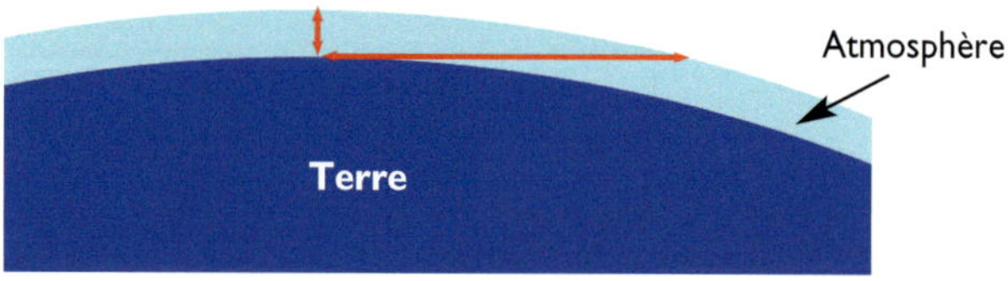

▲ *Lorsque les étoiles sont basses dans le ciel, les rayons lumineux qu'elles émettent ont une plus grande couche d'atmosphère à traverser.*

Chapitre 3

Choisir son instrument

Au moment de choisir un instrument, il est important de se poser les questions suivantes : qu'allez-vous observer et comment allez-vous l'observer ? Selon que vous êtes attiré par le planétaire ou le ciel profond, les outils et la manière de les utiliser sont complètement différents. En effet, un instrument qui permet à la fois de faire du planétaire et du ciel profond sera limité dans l'un et dans l'autre domaine. À moins de viser un investissement de plusieurs milliers d'euros, il est impossible d'allier polyvalence et qualité. D'autres critères, comme le moment ou l'endroit d'où vous observez, doivent aussi être pris en compte.
Pour faire un bon choix, il faut d'abord connaître les instruments : leurs caractéristiques, leur fonctionnement et leurs spécificités.

Astronomie et jumelles

Il est rare qu'un débutant ait l'idée de pointer sur le ciel une paire de jumelles. C'est pourtant un outil précieux pour l'astronomie. En effet, bon nombre de nébuleuses, de galaxies ou d'amas d'étoiles sont largement plus beaux aux jumelles qu'au télescope. Pourquoi ?
Prenons un objet classique : l'amas des Pléiades, dans la constellation du Taureau. Il s'agit d'un regroupement d'étoiles, dont sept sont suffisamment lumineuses pour être repérées à l'œil nu. Leur intérêt réside plus dans le groupe contrasté qu'elles forment au milieu d'un ciel noir, que dans la beauté de chacune des étoiles prises individuellement. Or, en utilisant des jumelles, le champ de vision peut aller jusqu'à 5°, ce qui permet de voir l'amas dans son environnement. Un télescope, en revanche, offre rarement un champ de vision de plus de 2° : on observerait donc dans ce cas un gros plan sur l'amas et non une vue d'ensemble.

Pour résumer, on peut dire que les objets étendus (plus de 1 à 2°) sont souvent plus esthétiques vus aux jumelles. À l'inverse, en planétaire, seuls la Lune (dont on découvre ainsi les principaux reliefs) et Jupiter (que l'on voit tel un minuscule cercle entouré de quatre points – ses satellites) présentent un intérêt vus aux jumelles. Pour les autres planètes, le faible grossissement de la paire de jumelles ne suffit pas pour observer autre chose qu'un point lumineux.
Au regard de cette explication, on comprend que les jumelles puissent être très utiles, voire indispensables, à l'astronome amateur. Elles ne doivent donc pas être considérées comme un parent pauvre de l'observation, mais comme une alternative intéressante à la lunette ou au télescope. Il m'est ainsi arrivé de nombreuses fois de conseiller à un néophyte, quand il ne disposait que d'une centaine d'euros, l'achat d'une paire de jumelles qui peut servir pour débuter, mais aussi par la suite (y compris quelques années plus tard, après l'achat d'un gros instrument), plutôt que d'une petite lunette valant à peu près le même prix, mais vite frustrante.

Comment choisir ses jumelles pour l'astronomie ?

Pour choisir des jumelles en astronomie, il faut considérer les valeurs qui les caractérisent : on parle par exemple de jumelles 7 x 50, le premier chiffre représentant le grossissement, le second le diamètre. Dans notre exemple, le grossissement est de 7 fois, et le diamètre de 50 mm.
Le diamètre doit être le plus grand possible. Concrètement, 50 mm est un minimum pour une paire de jumelles performante pour l'astronomie. Quant au grossissement, il doit être compris entre le diamètre divisé par 4 (au pire) et le diamètre divisé par 7 (au mieux).
Parmi les jumelles correspondant à ce cahier des charges, les modèles les plus courants seront les 7 x 50, les 10 x 50, les 11 x 70 et les 20 x 80.
La qualité des optiques a bien sûr son importance : préférez le « BAK4 » au « BK7 » (dénomination barbare pour qualifier la qualité du verre utilisé), et des traitements anti-reflets « multicouches » plutôt que « monocouches ». Fuyez les jumelles zoom, rarement (pour ne pas dire jamais) de bonne qualité.

Anatomie et caractéristiques des instruments

Pour décrire les différents types d'instruments astronomiques, une connaissance sommaire du vocabulaire de leurs composants est nécessaire. On considère généralement trois parties principales : le tube, la monture et le trépied.
On appelle **tube** l'ensemble optique de l'instrument : le cylindre, généralement métallique, mais aussi les lentilles ou miroirs qu'il contient. Sur le tube

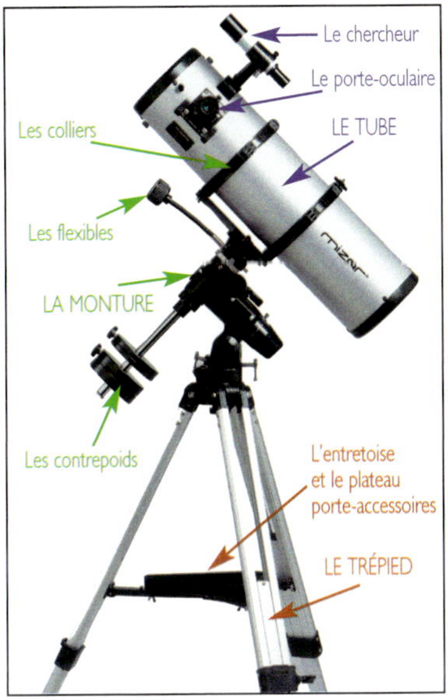

▲ *Un instrument d'astronomie se compose d'un tube, d'une monture et d'un trépied.*

est fixé le chercheur : il s'agit d'une petite lunette qui, grâce à un très faible grossissement, permet un repérage rapide de la cible à pointer. Le porte-oculaire fait également partie du tube ; c'est là que vient se positionner l'oculaire, par lequel on observe. Dans certains cas, des accessoires optiques viennent se greffer au porte-oculaire. C'est par exemple le cas du renvoi coudé, utilisé pour rendre plus confortable la position d'observation derrière certains instruments.

La monture est l'un des organes les plus importants de l'instrument : c'est la partie mécanique qui supporte le tube et qui permet de suivre un objet dans le ciel en compensant les mouvements terrestres. Il convient d'insister ici sur le rôle capital d'une bonne monture : l'une des principales difficultés du débutant réside dans le pointage de l'objet convoité, c'est-à-dire la capacité de l'observateur à centrer un objet dans l'oculaire, puis dans le suivi de ce même objet, c'est-à-dire l'action qui consiste à agir délicatement et régulièrement sur le ou les axes de la monture pour conserver l'objet, qui se déplace sans cesse, dans l'oculaire. Une bonne monture permet des déplacements fluides et précis. Il en existe deux types principaux : la monture azimutale et la monture équatoriale.

Nous en verrons les détails plus loin.

Le trépied : c'est ce qui reste... Trois pieds qui soutiennent le tout. Sa qualité conditionne, comme pour la monture, la stabilité de l'ensemble. Si les meilleurs trépieds étaient jadis en bois, il s'agissait de bois de qualité (hêtre ou frêne), qui absorbait parfaitement les moindres vibrations. On utilise aujourd'hui souvent du sapin, aux piètres qualités mécaniques. Il est donc plus sûr de s'orienter vers un trépied en aluminium, avec des pieds de la plus grosse section possible. Le trépied est souvent réglable en hauteur, mais sa position basse reste la plus stable.

La monture azimutale

La monture azimutale peut être comparée à un pied photo. Elle permet deux mouvements, l'un horizontal (l'azimut), l'autre vertical (l'altitude). Très simple d'utilisation, elle peut toutefois se révéler d'un usage délicat pour

l'observation du ciel. En effet, les astres décrivant une courbe dans le ciel, on doit agir en permanence sur les deux axes pour les suivre, ce qui est une opération délicate dans le cas d'un instrument non motorisé. Le suivi est beaucoup plus simple avec une monture équatoriale (voir ci-après).
En revanche, ce type de monture ne requiert aucun réglage préalable, contrairement à une monture équatoriale qui nécessite une préparation appelée mise en station, détaillée dans le chapitre suivant.
Certaines montures azimutales sont équipées d'une assistance informatique permettant de repérer aisément l'astre choisi.

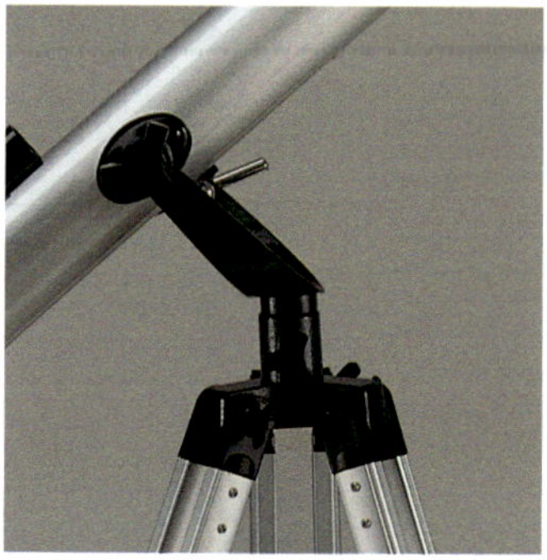

▲ *En contrepartie de sa simplicité, la monture azimutale souffre souvent d'un manque de précision dans les mouvements ; les constructeurs choisissent généralement ce type de monture pour son faible coût.*

La monture équatoriale

La monture équatoriale permet de suivre le mouvement apparent des astres pointés, en tournant autour d'un seul axe, appelé axe polaire ou axe d'ascension droite. Cette rotation est assurée soit par une molette manipulée par l'observateur, soit par un petit moteur synchronisé sur la vitesse de rotation de la Terre, afin de compenser le mouvement apparent du ciel. Bien que nécessitant un réglage préalable et un rapide apprentissage, ce type de monture est ensuite d'un maniement beaucoup plus facile et précis que celui de la monture azimutale.
On distingue plusieurs sortes de montures équatoriales. Les plus courantes sont les équatoriales allemandes et les équatoriales à fourche. Ces dernières, plus pratiques à manipuler que les montures allemandes, ne sont envisageables que pour des tubes courts. En effet, un tube long impliquerait une fourche dont les dimensions et poids freineraient bon nombre d'utilisateurs. En outre, la

▲ *La monture équatoriale à fourche est le plus souvent affectée aux télescopes Schmidt-Cassegrain et Maksutov-Cassegrain, caractérisés par des tubes courts.*

monture à fourche est solidaire du tube ; il est de fait souvent impossible de la changer si l'on veut améliorer l'instrument.

▲ *La monture équatoriale allemande est généralement utilisée pour les lunettes et télescopes de Newton, caractérisés par des tubes longs.*

L'informatisation des montures

Qu'elles soient azimutales ou équatoriales, certaines montures sont parfois équipées d'un système informatique rendant la monture « intelligente ». Concrètement, une monture informatisée est munie d'un boîtier électronique (on parle de raquette de commande), contenant une banque de données de plusieurs dizaines de milliers d'objets. Un clavier permet d'entrer la date, l'heure et le lieu d'observation. Le programme intégré à la raquette se charge ensuite de repérer à votre place l'astre convoité et vous guide vers lui.

Il n'existe pas de nom officiel pour ces instruments de nouvelle génération, mais on utilise couramment les dénominations suivantes : instrument *push-to* (« pousser vers »), quand la raquette se contente de vous indiquer où pointer (plus à droite, plus à gauche, plus haut, plus bas...) et que le déplacement du tube est assuré par l'utilisateur, et instrument *GOTO* (« aller vers »), lorsque l'instrument est muni de moteurs ; le tube se déplace alors tout seul pour aller pointer la cible choisie. Les moteurs du système GOTO lui permettent bien sûr de compenser la rotation de la Terre, de telle sorte qu'une fois pointé, l'objet reste visible à l'oculaire pendant toute la durée de l'observation.

▲ *Une monture équipée en GOTO pointe automatiquement l'astre recherché et le suit dans sa course à travers le ciel.*

On peut dès lors se demander pourquoi avoir une monture équatoriale si on dispose d'un suivi automatique. En effet, une monture azimutale équipée en GOTO ne présente plus les difficultés de pointage et de suivi qui en rendent l'usage difficile. La monture équatoriale peut toutefois devenir indispensable pour une utilisation en astrophotographie. Nous y reviendrons page 85.

Les enjeux de l'optique

Si l'on vous demande « À quoi sert un instrument astronomique ? », vous répondrez sûrement « À grossir ! » Pourtant, diriez-vous d'une voiture que sa vitesse est le critère de choix principal ? En fait, un instrument astronomique a trois fonctions indissociables :

- **grossir** l'astre à observer ;
- récolter un maximum de **luminosité** ;
- augmenter la finesse des détails (**résolution**).

En regardant attentivement sur le tube d'un instrument astronomique, on trouve généralement une petite plaque qui comporte les indications suivantes : D pour le diamètre de l'objectif en mm, F pour la focale de l'instrument en mm et F/D qui représente la focale divisée par le diamètre. Ce sont du reste ces nombres qui servent à nommer un instrument. On parlera d'un 114/900 (diamètre de 114 mm et focale de 900 mm) ou d'une lunette 80/800 (diamètre de 80 mm et focale de 800 mm).

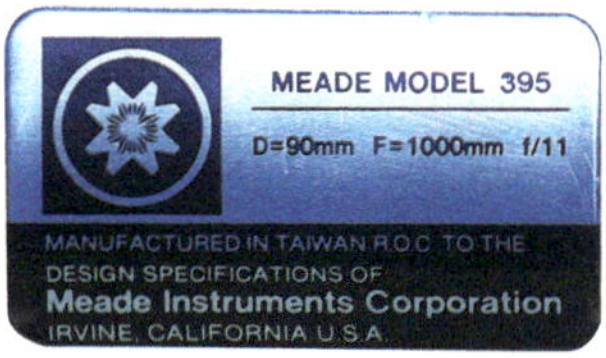

▲ *La plaque d'identité de l'instrument est visible sur le tube.*

Ces trois éléments déterminent les caractéristiques de l'ensemble optique et renseignent sur les performances théoriques de l'instrument.

Le diamètre a deux impacts majeurs :

- Plus il est grand, plus la résolution (le plus fin détail visible) augmente. Ainsi, une lunette de 120 mm de diamètre donne des détails deux fois plus fins qu'une lunette de 60 mm.
- Plus il est grand, plus la luminosité augmente. Une lunette de 120 mm donne quatre fois plus de lumière qu'une lunette de 60 mm.

La focale, elle, correspond (pour faire simple) à la distance parcourue par la lumière dans le tube. Citée sans autres repères, elle ne renseigne pas sur la qualité de l'instrument et peut même tromper le débutant (une longue focale permet au fabricant peu scrupuleux d'annoncer des grossissements séduisants qui seront en réalité inutilisables). Mais combinée avec le diamètre, elle indique le rapport F/D, que l'on appelle aussi l'ouverture.

L'ouverture aide également à juger de la qualité d'un instrument.

- Même si le rapport F/D n'en est pas directement responsable, on constate souvent qu'un grand rapport d'ouverture (F/D = grand chiffre) correspond à un instrument de bonne résolution. Inversement, un petit rapport d'ouverture (F/D = petit chiffre) stigmatise souvent un instrument de moins bonne résolution.
- De même, le rapport F/D renseigne sur la facilité ou la difficulté à obtenir une grande luminosité. Grand rapport d'ouverture = difficultés à obtenir beaucoup de luminosité ; petit rapport d'ouverture = facilité à obtenir une grande luminosité.

- Plus le rapport d'ouverture est grand, plus le contraste est marqué. Et, comme le veut la logique, un manque de contraste caractérise le faible rapport d'ouverture.

On comprend vite le dilemme : impossible d'avoir en même temps résolution, contraste et luminosité ! Si l'instrument est performant sur les deux premiers critères, il ne l'est pas sur le dernier, et inversement. Il faut donc choisir selon le critère qui vous importe.

Si par exemple on lit sur un instrument « F/D = 4 » (on trouve rarement un chiffre plus petit), cela indique que la focale de l'instrument est petite comparée à son diamètre (le diamètre multiplié par 4 donne la focale). Cet instrument sera facilement lumineux mais sans doute d'une résolution médiocre et peu contrasté.

Si un autre instrument annonce « F/D = 15 » (on trouve rarement un chiffre plus grand), cela signifie que la focale de l'instrument est grande par rapport au diamètre (le diamètre multiplié par 15 donne la focale). Cet instrument sera difficilement lumineux mais sans doute d'une résolution optimale. Il sera bien contrasté.

Attention au vocabulaire !

Pour un petit chiffre, on parle de petit rapport d'ouverture, ce qui signifie que l'instrument a une grande ouverture, ou encore qu'il est très ouvert. Pour un grand chiffre, on parle de grand rapport d'ouverture, mais il est tout aussi juste de dire que l'instrument a une petite ouverture. La confusion est facile ! En résumé, un instrument caractérisé par la valeur F/D = 4 peut être décrit comme ayant une grande ouverture, un faible rapport F/D, un faible rapport d'ouverture ou être un instrument très ouvert, toutes ces expressions signifiant la même chose !

Et le grossissement ? C'est la première chose qui préoccupe le débutant. Pourtant, s'il est parfois nécessaire d'atteindre de forts grossissements (pour voir certains détails planétaires, par exemple), c'est aussi souvent un handicap. En effet, la perte de lumière engendrée par un trop fort grossissement est importante : doubler le grossissement revient à diviser la luminosité par 4 ! C'est là que les oculaires prennent toute leur importance (voir ci-après).

En pratique

Le diamètre est le premier critère : il doit être le plus grand possible. On doit ensuite faire un choix : grande ouverture (petit rapport F/D, par exemple 4) pour privilégier la luminosité au détriment de la résolution et du contraste, ou faible ouverture (grand rapport F/D, par exemple 15) pour privilégier la résolution et le contraste au détriment de la luminosité.

Le grossissement, lui, ne doit pas être pris en compte dans le choix d'un instrument, au même titre que l'on ne choisirait pas une voiture en fonction de sa vitesse maximale, mais plutôt en fonction des possibilités générales de son moteur.

Les oculaires : des outils pour grossir

En général livrés à raison d'un ou deux par instrument, les oculaires sont la clé du grossissement ; pour bien les utiliser, il faut savoir calculer ce dernier. Le grossissement donné par un oculaire est obtenu en divisant la focale de l'instrument par la focale de l'oculaire, indiquée sur l'oculaire. Ainsi, un télescope de 900 mm de focale donne, avec un oculaire de 20 mm, un grossissement de 900 divisé par 20, soit 45 fois. Le même instrument grossit 90 fois avec un oculaire de 10 mm.

Plutôt que de parler de grossissement au sens strict du terme, il est préférable de le pondérer en l'associant au diamètre : on parle d'un grossissement de D x 2, par exemple, qui indique un grossissement de 120 fois pour un instrument de 60 mm de diamètre, ou de 300 fois pour un instrument de 150 mm de diamètre. Ainsi, le ciel profond est le plus souvent observé dans de bonnes conditions avec un grossissement de D/3 ou D/4, c'est-à-dire de 50 à 66 fois pour un télescope de 200 mm. Au planétaire correspondent des grossissements de 1,2 à 1,5 fois le diamètre, exceptionnellement un peu plus, si le ciel est pur et stable.

Le grossissement maximal théorique, correspondant à 2 ou 2,5 fois le diamètre, est à réserver aux observations d'étoiles doubles pour qu'elles soient vues comme deux points distincts et non comme une seule et même étoile. En effet, un tel grossissement n'amène aucun détail supplémentaire aux planètes et complique considérablement l'observation, puisque la moindre vibration ou turbulence atmosphérique fait littéralement « danser » l'image.

Selon sa qualité, un oculaire offre un champ de vision plus ou moins large, et cela sans corrélation avec le grossissement. Un grand champ permet de faire mieux ressortir un objet peu lumineux sur un fond de ciel noir, mais aussi de pointer et garder plus facilement dans l'oculaire un astre qui se déplace.

▲ *Si le grossissement amène au départ de nouveaux détails, grossir trop rend l'image très instable sans dévoiler de nouveaux éléments.*

Plus le nombre de lentilles est important et plus l'oculaire est potentiellement doté d'un champ de vision confortable. S'il n'en comporte que deux (on le reconnaît aux lettres H, SR, ou F indiquées sur le côté), c'est signe que le fabricant a cherché l'économie. De tels oculaires sont facilement repérables au premier coup d'œil par leur diamètre : il est souvent de 24,5 mm (comme l'oculaire couché, à gauche, dans la photo ci-dessous), au lieu des 31,75 mm habituels (coulant américain). Mais ce diamètre reste un indice, non une preuve : quelques vieux oculaires de bonne qualité étaient fabriqués en 24,5 mm et de plus en plus de constructeurs utilisent le 31,75 mm pour des oculaires de piètre qualité.
Avec un oculaire à deux lentilles, votre champ de vision est limité à moins de 40° (souvent 35°), ce qui rend toute observation périlleuse tant il est difficile de garder un objet dans le champ de vision. Les oculaires fournis avec un instrument neuf doivent donc comporter au moins trois lentilles. Ils présentent alors un champ de vision de 40 à 45°. Pour repérer de tels oculaires, cherchez sur le côté : vous devez y lire K, SMA ou MA, selon les fabricants, lettres qui correspondent à la formule optique employée pour la fabrication de l'oculaire.

S'ils comportent quatre lentilles (cherchez l'indication P, Plössl ou Super Plössl), outre l'indice d'une qualité soignée, vous aurez l'assurance d'un champ de vision de 50 à 55°, synonyme de confort visuel. Au-delà, les prix s'envolent vite. Il n'est pas rare de devoir dépenser plus de cent euros pour un oculaire à grand champ, alors qu'un oculaire à quatre lentilles se trouve facilement à moins de 50 €. Les oculaires fournissant un champ de 65 à 85° offrent malgré tout un confort qui justifie leur coût. On ne les trouve toutefois que vendus séparément et leur achat se fera sans doute un peu plus tard, lorsque vous serez familiarisé avec l'observation.

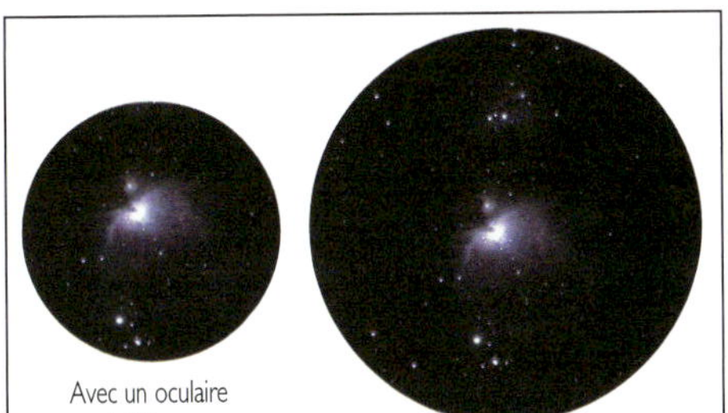

Avec un oculaire de 20 mm et de 52° de champ

Avec un oculaire de 20 mm et de 68° de champ

▲ *Le type d'oculaire joue sur le champ de vision.*

Les différents types d'instruments

Comme nous allons le voir maintenant, la technologie retenue pour le montage optique (lunette, télescope de Newton, télescope Schmidt-Cassegrain ou télescope Maksutov-Cassegrain) a aussi son importance dans la qualité de l'instrument.

La lunette

Son principe est décrit pour la première fois en 1589 par l'Italien Giovanni Battista della Porta ; les Hollandais la mettent au point au début du XVIIe siècle. On l'utilise alors pour des applications terrestres. C'est en 1609 que Galilée l'utilise pour pointer le ciel.

Le principe est simple : l'objectif est constitué d'une ou plusieurs lentilles (généralement deux). Il concentre la lumière en un point appelé le foyer. Près de ce point se forme une image que l'on grossit avec un oculaire.

En anglais, l'équivalent de « lunette » n'existe pas et on appelle cet instrument *refracting telescope*. C'est pourquoi on le trouve parfois en France sous la dénomination de télescope réfracteur.

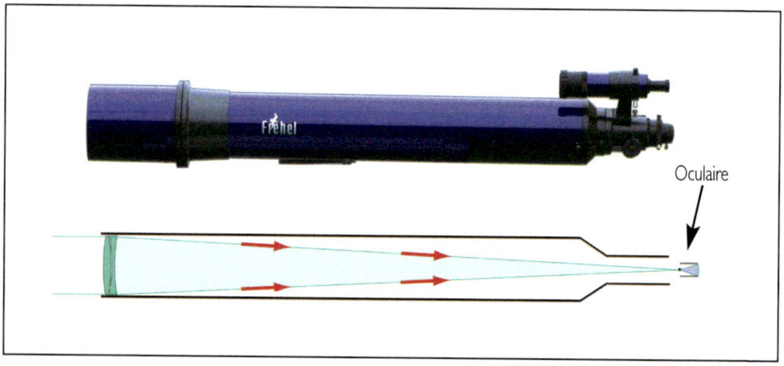

▲ *La lunette est le seul instrument astronomique dont l'objectif est constitué de lentilles, contrairement aux télescopes, composés de miroirs.*

À diamètre équivalent, une lunette donne une meilleure résolution qu'un télescope. En effet, ses éléments optiques se résument à un seul groupe de lentilles, situé à l'avant du tube – alors qu'un télescope est composé de deux éléments distincts (miroir primaire et miroir secondaire). Elle n'est par conséquent pas assujettie aux désalignements optiques qui peuvent affecter un télescope. De plus, le trajet de la lumière n'est gêné par aucun élément générant de l'obstruction (c'est ainsi que l'on appelle le fait qu'un miroir secondaire, par exemple, s'interpose entre l'objet visé et l'objectif de l'instrument).

Le télescope de Newton

Inventé par Isaac Newton en 1671, il est sans doute le plus répandu des systèmes optiques en astronomie.

Composé d'un miroir concave, il réfléchit la lumière en modifiant l'angle des rayons, afin que la lumière converge vers le foyer. Un second miroir renvoie l'image de côté pour pouvoir la grossir à l'aide d'un oculaire. C'est la formule optique la plus économique à fabriquer ; elle permet donc d'accéder à un plus grand diamètre qu'une lunette, pour un budget donné. En contrepartie, chacun des deux miroirs est susceptible de bouger légèrement, désalignant l'ensemble optique. Cet inconvénient, certes contournable par des réglages réguliers (mais fastidieux, donc finalement rarement faits), se combine à l'obstruction générée par le miroir secondaire et son support pour affecter la qualité de l'image. En conséquence, le Newton est plus lumineux que la lunette à coût égal, mais procure une résolution et un contraste moindres.

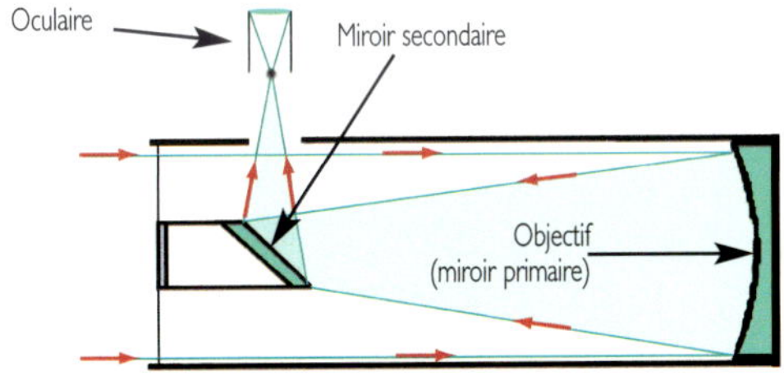

▲ *Le télescope de Newton est sans doute le plus répandu des instruments.*

Le télescope Schmidt-Cassegrain

S'inspirant du télescope inventé par Laurent Cassegrain en 1672 et de celui inventé par Bernard Schmidt en 1931, Thomas Johnson invente le « Schmidt-Cassegrain » dans les années 1950.

En voici le principe général : la lumière arrive sur un miroir primaire concave, puis est renvoyée vers un miroir secondaire convexe, avant de finir en un foyer où l'on dispose l'oculaire. On observe par l'arrière du télescope. L'un des miracles de cette formule optique est qu'elle permet d'atteindre les mêmes performances avec un Schmidt-Cassegrain de 20 cm

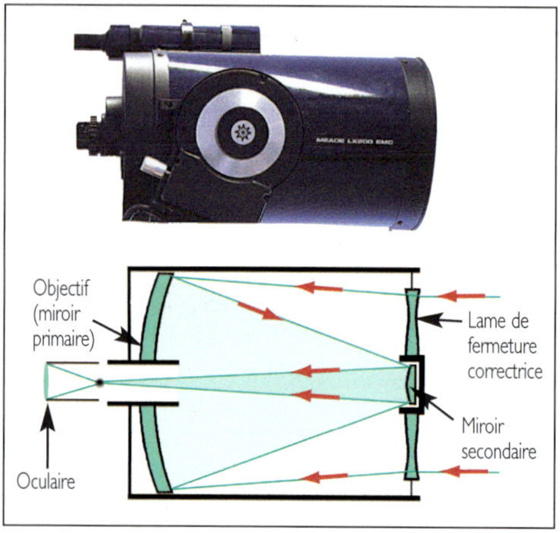

▲ *Le télescope Schmidt-Cassegrain se distingue par sa compacité, malgré des diamètres importants.*

de diamètre et 40 cm de long qu'avec un tube de Newton de 20 cm de diamètre et de 2 m de long, soit avec 80 % de volume en moins.

Si le miroir primaire a peu de risques de se dérégler, le miroir secondaire est lui particulièrement sensible à ces déréglages. La perte de résolution qui s'ensuit est toutefois compensée par les diamètres importants offerts par les Schmidt-Cassegrain.

Le télescope Maksutov-Cassegrain

En 1940, Dimitri Maksutov revisite le télescope de Cassegrain pour créer un nouvel instrument. D'apparence très semblable au Schmidt-Cassegrain, le Maksutov-Cassegrain donne, à diamètre égal, une meilleure résolution ainsi qu'un meilleur contraste que son homologue. Sa différence de qualité réside en bonne partie dans le fait que les miroirs ne sont pas affectés par les désalignements décrits ci-dessus.

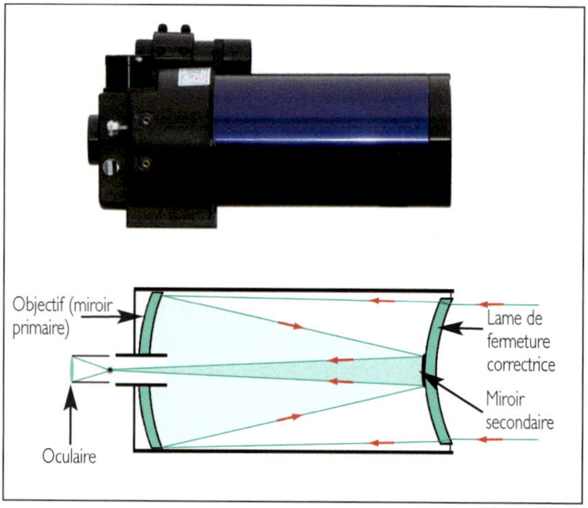

▶ *Le Maksutov-Cassegrain doit en grande partie sa célébrité à l'ETX de Meade qui, depuis 1996, est l'un des télescopes les plus vendus au monde.*

... et les autres !

Si nous ne les décrivons pas dans ce livre d'initiation, sachez tout de même qu'il existe d'autres formules optiques qui ne représentent qu'une toute petite partie du marché. Elles s'adressent le plus souvent à des amateurs éclairés dont les ambitions sont très ciblées. Parmi ces instruments, on trouve le télescope Schmidt-Newton, qui est un compromis en termes de grande luminosité, bonne correction optique et prix ; le télescope Ritchey-Chrétien, qui conserve les avantages pratiques du Schmidt-Cassegrain tout en en améliorant la finesse d'image, mais dont le prix est souvent un obstacle (même si l'année 2006 marque l'entrée de tels instruments à moins de 4 000 €...) ; ou encore le télescope Clavius, développé il y a quelques années par un ingénieur français et qui a encore du mal à se démocratiser.

Choisir selon le type d'utilisation

Imaginez que vous achetiez un véhicule ; votre choix dépendra de l'utilisation que vous prévoyez en faire. Une voiture citadine peut bien sûr rouler sur autoroute, mais elle y manque de confort et de puissance ; une routière peut rouler en ville, mais elle y est handicapée par sa taille. Tout choix polyvalent implique des inconvénients dans les deux environnements, sans pour autant apporter d'avantages. En d'autres termes, la polyvalence est souvent synonyme de manque de performances.
De la même façon, l'astronome doit choisir entre un instrument adapté au ciel profond et un instrument adapté au planétaire ; tout instrument polyvalent est limité dans les deux domaines, sauf à y consacrer un budget de plusieurs milliers d'euros. Il est donc important de prendre le temps de mûrir ce choix : planétaire ou ciel profond ?

Quel instrument pour le planétaire ?

Pour profiter du planétaire, des grossissements importants – plus de 100 fois – sont souvent indispensables pour permettre de voir des détails significatifs à la surface des planètes. Mais grossir une planète n'a pas de sens si l'image initiale n'est pas de haute qualité, c'est-à-dire d'une bonne résolution. La résolution a donc une grande importance, alors que la recherche de luminosité n'est pas primordiale, puisque les planètes sont très lumineuses. Du reste, la luminosité diminuant avec le grossissement, un instrument adapté à de forts grossissements est forcément limité en luminosité.
Pour obtenir la résolution convoitée, on favorise plusieurs paramètres :

- un grand diamètre : en doublant le diamètre, on double la résolution ;
- un rapport F/D élevé ;

▲ *L'obstruction centrale causée par le miroir secondaire dégrade la résolution de l'image.*

- une bonne qualité de l'optique. Obstruction centrale et déréglage fréquent des optiques sont, entre autres, de sérieux ennemis de la résolution.

Au palmarès des instruments répondant à ces critères, on trouve en première place les lunettes, puis les télescopes Maksutov-Cassegrain. À diamètre égal, ils coûtent sans doute plus cher que leurs concurrents Newton ou Schmidt-Cassegrain mais, pour un budget donné, ils donnent de meilleures images, malgré un diamètre inférieur.

Il convient d'insister sur le fait que le diamètre joue tout de même un rôle important : un Newton de 114 mm a généralement l'avantage sur une lunette de 60 mm. En revanche, une lunette de 80 mm peut être une concurrente sérieuse pour le même Newton de 114 mm. Dans ce cas, le choix du plus grand diamètre donnera une option supplémentaire pour le ciel profond.

En ce qui concerne la monture, le pointage automatique ne présente que peu d'intérêt, en raison du faible nombre d'objets à repérer et de leur bonne luminosité apparente. En revanche, le suivi régulier de l'astre pointé, sans à-coups ni vibrations, a une grande importance : en effet, à fort grossissement, la moindre vibration est tellement amplifiée que l'observation devient impossible. Un suivi fluide favorise donc une observation soutenue, indispensable pour profiter des détails d'une planète. Dès lors, un système GOTO ou bien une monture équatoriale est judicieux.

▲ *Lunette pour sa qualité optique ou Maksutov-Cassegrain pour sa compacité ?*

Où pratiquer le planétaire ?

Contrairement à une idée reçue, on peut pratiquer l'astronomie en ville, à condition de se limiter au planétaire. En effet, les éclairages urbains interdisent toute exploration du ciel profond, qui nécessite une voûte céleste bien noire. Le planétaire, en revanche, peut bénéficier de la « cloche thermique » qui coiffe les grandes agglomérations : les écarts de température entre le jour et la nuit étant moins grands en ville, l'atmosphère est plus stable et la résolution s'en trouve améliorée. Parmi les meilleures photos planétaires jamais réalisées, on trouve celles faites à l'observatoire de la Sorbonne, en plein cœur de Paris !

Quel instrument pour le ciel profond ?

Un seul mot d'ordre pour le ciel profond : luminosité ! En effet, le manque de brillance des objets du ciel profond oblige à collecter un maximum de leur faible lumière. Il est donc primordial de choisir un diamètre généreux, qui agira comme un entonnoir à lumière. Attention aux déconvenues : il n'est pas rare qu'un débutant achète un télescope de 114 mm de diamètre pour finalement se rendre compte que ce dernier est insuffisant pour pratiquer confortablement le ciel profond. Il est alors trop tard pour réaliser que son budget aurait été mieux investi dans un instrument adapté au planétaire, quitte à s'orienter vers un club pour profiter d'un instrument de 300 mm ou plus, avec lequel le ciel profond prend une toute autre dimension. Autre option, investir une centaine d'euros de plus pour acquérir un instrument d'au moins 150 mm de diamètre.

Pour apprécier le ciel profond, les faibles grossissements sont de rigueur car ils optimisent la luminosité des objets. En effet, comme nous l'avons vu page 29, un fort grossissement diminue la luminosité de l'image, et inversement.

▲ *Les télescopes de 400 mm et plus sont devenus courants dans les clubs.*

▲ *Un séduisant Schmidt-Cassegrain ou un gros Newton ?*

D'autre part, la différence de résolution entre deux instruments est moins perceptible à de faibles grossissements. De ce fait, une bonne résolution ne sera pas un argument décisif.

Pour obtenir la luminosité requise, on favorise plusieurs paramètres :

- un grand diamètre : en doublant le diamètre, on multiplie la luminosité par quatre ;
- un petit rapport F/D.

En répondant à ces critères, un instrument offre de faibles grossissements (proportionnellement au diamètre de l'instrument), mais qui sont suffisants pour les objets visés. Ces derniers présentent en effet souvent un diamètre apparent égal ou supérieur à celui de la Lune. La luminosité gagnée au détriment du grossissement contribue grandement à obtenir des images plus lumineuses qu'elles ne l'auraient été dans d'autres conditions.

En tête des instruments répondant à ces critères, on trouve les télescopes de Newton, puis les Schmidt-Cassegrain. À coût comparable, ils sont plus performants que leurs homologues lunettes ou Maksutov-Cassegrain.

Pour la monture, la présence d'une raquette de commande contenant une base de donnée d'objets est un argument de poids : trouver une galaxie ou une nébuleuse peut en effet être un exercice périlleux, compte tenu de leur faible luminosité. Assisté par une telle raquette de commande indiquant les mouvements à appliquer à la monture pour trouver l'objet, le pointage

Où pratiquer le ciel profond ?

La réponse se résume en deux mots : ciel noir. Plus le ciel est noir, meilleure est l'observation. Cela implique quelques paradoxes. En effet, on a rarement un ciel parfait près de chez soi ; la pratique sérieuse du ciel profond incite donc à charger le télescope dans sa voiture pour aller profiter de la campagne. Mais qui dit transport dit faible encombrement, difficilement compatible avec une optique de grand diamètre… Reste une solution simple et efficace : observer le ciel planétaire de chez soi et pratiquer le ciel profond dans un club, loin de toute pollution lumineuse, en profitant du matériel souvent encombrant, mais très lumineux, qu'il possède.

deviendra facile. Si en plus le pointage et le suivi sont automatiques, grâce à la motorisation de la monture, c'est encore mieux. Toutefois, on peut concevoir de consacrer le budget exclusivement au diamètre et se contenter d'une monture azimutale : c'est le domaine des Dobsons, avec ou sans raquette de commande.

En l'absence de raquette de commande, la monture équatoriale présente tout de même des avantages non négligeables, tant au niveau du pointage, pour lequel elle permettra de prendre des repères qui serviront de jalons pour retrouver son chemin à travers le ciel, que du suivi, assuré alors par le seul mouvement autour de l'axe d'ascension droite.

▲ *Le bon rapport qualité-prix pour le ciel profond : le Dobson équipé d'une raquette de commande où sont enregistrées quelques dizaines de milliers de coordonnées d'objets.*

Les faibles grossissements employés limitant les mouvements parasites et la vitesse de déplacement de l'objet dans l'oculaire, le suivi est donc ici un confort appréciable, mais pas indispensable.

Un instrument polyvalent ?

En conclusion de ce comparatif entre l'instrument à choisir pour le planétaire ou pour le ciel profond, souvenez-vous que compromis ne rime pas avec performances. Il est toujours plus sage de choisir entre ciel profond et planétaire. Si toutefois le choix est trop difficile, un Schmidt-Cassegrain d'au moins 200 mm de diamètre (prévoyez au moins 1 500 €) sera sans doute le minimum pour pouvoir prétendre à une vraie polyvalence.

Les instruments incontournables

Quelques instruments se partagent la majorité du marché de l'astronomie amateur. C'est vraisemblablement l'un de ceux-ci que vous choisirez. Voici les principaux, depuis les plus modestes jusqu'aux plus onéreux.

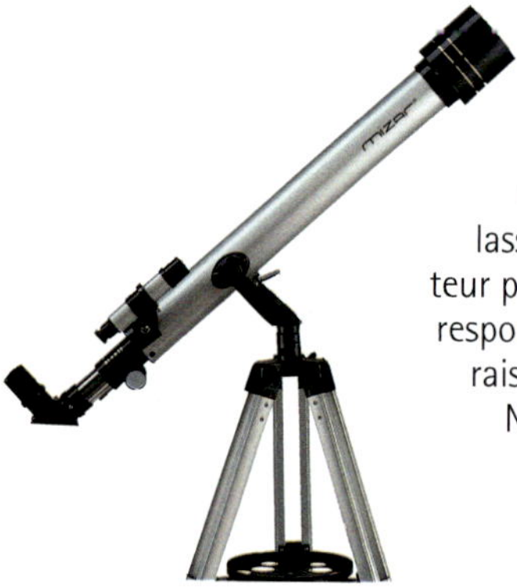

▲ *La lunette 60/700 sur monture azimutale est sans doute le plus répandu des instruments, grâce à son petit prix.*

La lunette 60/700 sur monture azimutale : c'est la façon la plus économique de découvrir l'astronomie. Une centaine d'euros suffit à s'en procurer une. Mais attention, le maniement d'une monture azimutale est vite lassant et peut rapidement écœurer un observateur peu patient. Quant à la qualité optique, elle correspond au minimum admissible ; il ne serait pas raisonnable de choisir un plus petit diamètre. N'attendez pas des images à couper le souffle, même si la première découverte de la Lune ou des anneaux de Saturne est souvent un moment fort en émotion.

La lunette 80/900 sur monture équatoriale : un excellent modèle pour découvrir le planétaire. Pour moins de 250 €, elle peut offrir des détails saisissants de la surface des planètes.

Le télescope 114/900 sur monture équatoriale : le plus petit diamètre qui permette de s'initier au ciel profond. Il est toutefois moins performant qu'une lunette 80/900 si on l'utilise pour le planétaire. Attention donc à ce grand classique limité dans tous les domaines. On en trouve des corrects à partir de 250 €. En dessous de ce prix, la prudence est de mise : vous aurez sans doute affaire à un instrument de piètre qualité Regardez donc les oculaires de plus près : ils sont un bon indice de la qualité générale de l'ensemble (voir page 30).

Le télescope 150/750 sur monture équatoriale : c'est l'instrument idéal pour se lancer dans le ciel profond à un coût raisonnable. Pour moins de 450 €, il permet de bonnes observations du ciel profond, mais reste perfectible en planétaire.

La lunette 120/1000 sur monture équatoriale : excellent instrument en planétaire, elle permet de faire un peu de « tourisme » en ciel profond. Un choix rarement regretté pour un budget autour de 600 €.

Le Maksutov-Cassegrain sur monture GOTO : l'un des leaders dans ce marché est l'ETX, de la marque Meade. Compact, doté d'une excellente optique, il offre des observations planétaires de qualité.

Attention aux idées reçues !

Le télescope Newton 75/700 sur monture azimutale : un piège à éviter ! Ce type d'instrument est né de l'idée que, dans la tête du public, un télescope est plus performant qu'une lunette. Cette idée, largement répandue, est parfaitement fausse ! D'ailleurs, dans de tels diamètres, un Newton donne difficilement de bonnes images. Pour le même budget, une petite lunette est beaucoup plus souhaitable.

Les instruments les moins chers montés sur monture équatoriale sont souvent la lunette 80/900 (à gauche) et le télescope 114/900 (au centre). Ce dernier est resté jusqu'au début des années 1990 le meilleur matériel qu'un amateur pouvait s'offrir à moins de 750 €, d'où son succès ! Aujourd'hui, on le trouve pour 250 €… Dans la gamme de prix qui va de 400 à 600 €, le Newton 150/750 (à droite) constitue le meilleur rapport qualité/prix.

t *Compact, facile d'emploi, de très bonne qualité optique, l'ETX est le chouchou des astronomes amateurs.*

t *Avec un Schmidt-Cassegrain de 203 mm, le ciel profond devient réellement intéressant et le planétaire n'est pas pour autant laissé de côté.*

Son pointage et son suivi automatisés en font par ailleurs un outil efficace pour s'initier au ciel profond. Les puristes pourront débrayer l'automatisme pour apprendre à pointer manuellement. Selon son diamètre (de 90 à 125 mm), il coûte entre 600 et 1 200 €. Attention, les ETX 70 et 80 ne sont pas des Maksutov ; leurs performances sont bien moindres.

Le Schmidt-Cassegrain 203/2000 sur monture GOTO : pour moins de 2 000 €, il vous ouvre les portes du ciel profond et vous permet d'observer les planètes avec une bonne qualité d'image, le tout en restant relativement com-

▶ *Un instrument de 300 mm de diamètre réalise le rêve de beaucoup d'observateurs : l'accès à des images impressionnantes du ciel profond.*

pact. C'est véritablement la marche à franchir pour avoir un instrument réellement polyvalent.

Le Dobson 300/1500 : peu de gens ont les moyens de s'offrir un Schmidt-Cassegrain de 300 mm, qui coûte près de 7 000 €. Le Dobson constitue une alternative intéressante, avec un prix défiant toute concurrence. Le principe du Dobson est simple : il s'agit d'un télescope de Newton, souvent de grand diamètre, monté sur une monture réduite à sa plus simple expression. La simplification à l'extrême de ce type d'instrument permet de trouver un instrument de 300 mm à moins de 1 000 € ! Attention cependant à la difficulté de suivi : il s'agit en effet d'une monture azimutale...

Les détails qui comptent

Avant d'acheter votre matériel d'observation, il est important de vérifier un certain nombre de détails qui peuvent vous faciliter la vie ou la compliquer sérieusement.

• Le ou les oculaires fournis sont-ils bien au coulant (diamètre) de 31,75 mm ? Sont-ils constitués d'au moins trois lentilles ? Les oculaires au coulant de 24,5 mm sont à proscrire car leur qualité est rarement de premier ordre.

• Vérifiez le porte-oculaire : il ne doit pas avoir de jeu important. Assurez-vous également que la mise au point est fluide et, si c'est possible, préférez une crémaillère de mise au point en métal plutôt qu'en plastique. Manipulez la molette de mise au point en magasin, en particulier sur un Newton ou une lunette, pour vous rendre compte de sa précision. Vous

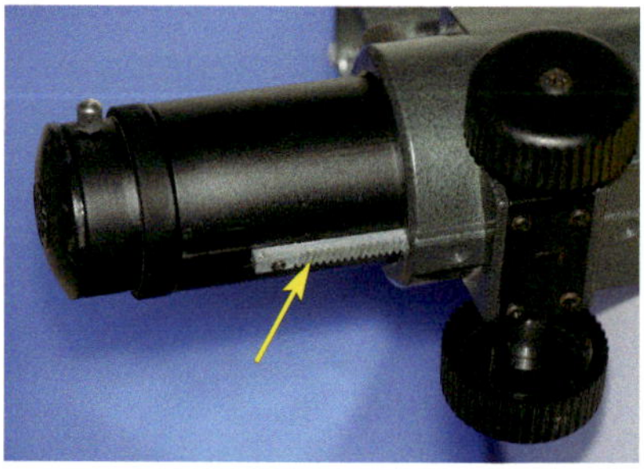

▲ *Une crémaillère métallique est préférable, mais elle est parfois difficile à trouver.*

ne devez pas sentir d'à-coups lors de la mise au point.

- Parmi les supports de chercheur, évitez les supports à trois vis, qui empêchent des réglages rapides et précis. Préférez quatre ou six vis, voire deux vis et une goupille à ressort, plus rare, mais très pratique.
- Pour les montures équatoriales, assurez-vous que la motorisation est possible, soit en série, soit en option.
- Toujours pour les montures équatoriales, demandez si elles peuvent être équipées d'un viseur polaire. Cet accessoire permet de

▲ *Le kit de motorisation constitue un confort appréciable.*

Caractéristiques des différentes formules optiques

	Newton	**Schmidt-Cassegrain**	**Maksutov-Cassegrain**	**Lunette**
Diamètres courants	114 mm à 600 mm	200 mm à 400 mm	90 mm à 200 mm	50 mm à 150 mm
Rapport d'ouverture typique	4 à 8	10	12 à 15	8 à 12
Obstruction (obstacles dégradant la qualité optique)	Importante.	Importante.	Obstruction légèrement plus faible que le Schmidt-Cassegrain.	Aucune obstruction.
Stabilité des réglages	Se dérègle facilement.	Se dérègle facilement.	Pas de déréglage.	Pas de déréglage.
Qualité en planétaire à budget égal	*	**	***	****
Qualité en ciel profond à budget égal	****	***	**	*
Premier prix pour une qualité correcte (monture comprise)	250 € pour un 114 mm sur monture équatoriale.	1 800 € pour un 200 mm sur monture GOTO.	300 € pour un 90 mm sur monture équatoriale.	100 € pour une lunette de 60 mm sur monture azimutale.

parfaire la mise en station, en aidant au pointage précis de la monture vers l'étoile polaire. Son absence ne sera pas toutefois un critère suffisant pour écarter une monture de la sélection.

- Votre monture est-t-elle assez robuste pour soutenir le tube optique qui lui est destiné ? L'ensemble ne doit pas sembler fragile. Plus la monture est lourde, meilleure est la stabilité du tube monté dessus.
- Le commerçant ou le vendeur qui vous conseille est-il lui-même astronome amateur ? Saura-t-il vous aider si vous avez des difficultés d'utilisation ?
- Le service après vente est-il efficace ? Votre instrument devra-t-il repartir à l'autre bout du monde en cas de panne ?

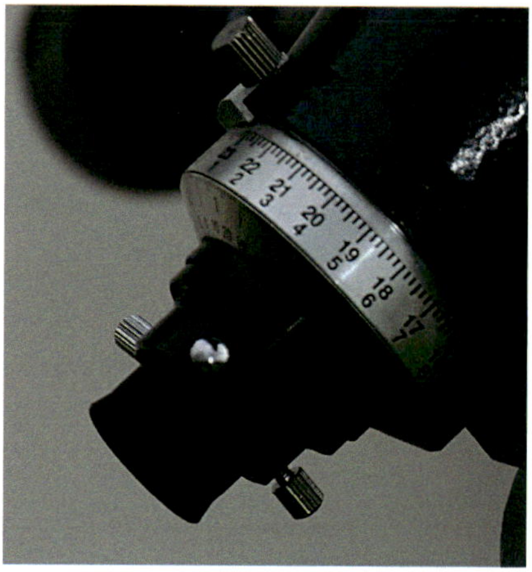

▲ *Améliorant l'orientation de l'axe polaire vers le pôle nord céleste, le viseur polaire permet une mise en station plus précise.*

Chapitre 4

Les premières observations

Ca y est, vous avez votre matériel, voici venu le temps des premières observations. Vous êtes bien sûr impatient de voir le ciel nocturne. Mais avant tout, il faut préparer et régler votre instrument, puis apprendre à le manipuler.

Régler son chercheur

Pour observer un objet, vous devez pouvoir le pointer avec précision. C'est à ça que sert le chercheur. Pour que l'observation à l'oculaire corresponde à la vue que l'on a dans le chercheur, ce dernier doit être rigoureusement parallèle au tube.

Pour vérifier cela, installez votre matériel le jour, afin de mieux vous repérer. Choisissez un horizon le plus dégagé possible et sélectionnez une cible terrestre, située à au moins quelques centaines de mètres, idéalement un clocher ou tout autre détail caractéristique de votre panorama. Après avoir mis le plus gros oculaire (celui qui grossit le moins) dans le porte-oculaire, pointez le repère que vous avez choisi, sans l'aide du chercheur. Prenez votre temps, le sujet est immobile. Une fois la cible visible au centre de l'oculaire, serrez les freins de la monture (voir page 51).

Ajustez la netteté avec la molette de mise au point (opération décrite plus loin), puis regardez dans le chercheur. À moins que vous ne soyez particulièrement chanceux, la croix du chercheur, qui matérialise son centre, n'est sans doute pas centrée sur ce que vous voyez dans l'oculaire. Il faut donc corriger ce décalage. En agissant sur les vis de réglage du chercheur, faites

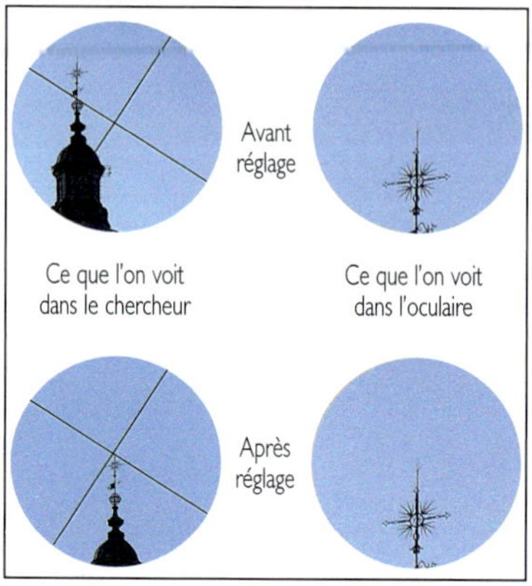

en sorte que l'image vue dans le chercheur et celle vue dans l'oculaire soient centrées sur le même point. Lorsque le chercheur vous semble bien réglé, vérifiez à nouveau dans l'oculaire : il n'est pas rare que le tube se soit déplacé à votre insu, lors de vos manipulations.
Ne perdez pas trop de temps à vouloir un alignement parfait du chercheur : le mieux est souvent l'ennemi du bien et il est préférable de connaître le décalage de son chercheur afin de la compenser plutôt que d'être trop exigeant sur sa précision. Votre chercheur est désormais réglé et vous pouvez vous en servir pour pointer. Dorénavant, vous vous contenterez de vérifier en début d'observation que son alignement avec le tube est toujours bon.

La mise au point

Sous ce titre se cache un problème bien plus courant qu'il n'y paraît : il n'est pas rare qu'un débutant n'arrive pas à voir dans son instrument pour l'unique raison qu'il n'a pas fait une mise au point correcte. Il s'agit donc de faire en sorte que l'image soit la plus nette possible.
Selon la formule optique utilisée, la mise au point est réalisée différemment : avec un Newton ou une lunette, la molette de mise au point déplace le porte-oculaire, ce qui modifie la distance entre l'oculaire et l'objectif. Plus le porte-oculaire est rentré dans le tube (et donc plus l'oculaire se trouve rapproché de l'objectif), plus la mise au point se fait sur un objet lointain. Pour observer une cible plus proche, l'oculaire devra au contraire être plus éloigné de l'objectif.
Avec les Schmidt-Cassegrain ou les Maksutov-Cassegrain, c'est sur l'objectif que l'on agit : une molette de mise au point permet de l'éloigner ou de le rapprocher de l'oculaire qui, lui, reste fixe. Notez également que si la mise au point change entre une cible située à 50 m ou à 1 km, elle sera la même quel que soit l'objet visé, dès lors qu'il se trouve dans le ciel, à plusieurs centaines de milliers de kilomètres. Ainsi, lorsque l'on passe d'un astre à un autre, la mise au point ne change quasiment pas tant que l'on ne touche pas à l'oculaire. En revanche, la sensibilité du réglage (de l'ordre du dizième de millimètre) est telle que le simple fait de bouger l'oculaire peut obliger à refaire la mise au point. À plus forte raison, changer d'oculaire nécessite une nouvelle mise au point.

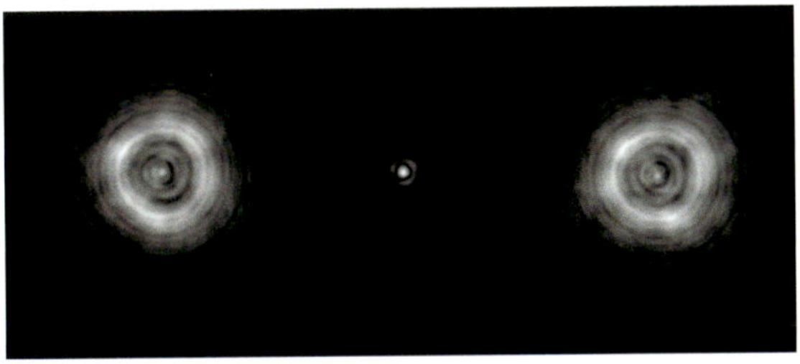

◄ *Au centre, la mise au point est bonne. À gauche, l'oculaire est trop proche de l'objectif. À droite, il en est trop éloigné*

Une étoile est l'objet idéal pour faire la meilleure mise au point possible. Choisissez-en une bien lumineuse et pointez-la. Une fois l'étoile centrée, rentrez le porte-oculaire le plus possible dans le tube, ou vissez la molette au maximum pour un Schmidt-Cassegrain ou un Maksutov-Cassegrain. En jouant sur la molette de mise au point, vous passez d'une grande tache pâle à un point plus lumineux, puis à nouveau à une tache pâle. Arrêtez-vous sur la position où l'étoile est la plus petite et la plus lumineuse ; la mise au point est alors correcte.

Avant l'observation : préparer sa soirée

Une bonne préparation de votre soirée d'observation est un atout qui jouera pour vous quand il s'agira d'être efficace pour ne pas perdre de temps sur des détails.

S'adapter à l'obscurité

Vous pensez savoir profiter de vos yeux au maximum ? Lisez ces quelques conseils, ils vous aideront à optimiser votre acuité visuelle.

Il faut 30 min au moins pour que l'œil s'habitue au noir. Tant que ce temps ne s'est pas écoulé, vos performances visuelles ne sont pas à leur maximum. La moindre lueur (l'étincelle d'un briquet ou le plafonnier d'une voiture) referme votre pupille et vous oblige à vous ré-acclimater à l'obscurité. Dans les meilleurs cas, votre pupille peut présenter un diamètre de 7 mm. Cette valeur diminue avec l'âge. Ainsi, vers 50 ans, la pupille ne se dilate guère plus que de 5 mm, diminuant d'autant votre sensibilité à la faible luminosité de la nuit.

Par ailleurs, le centre de l'œil est riche en cellules appelées cônes, qui réagissent très bien à la couleur, mais nécessitent beaucoup de lumière. La zone périphérique de la rétine, elle, est recouverte de cellules nommées bâtonnets, très sensibles à la moindre lumière mais insensibles à la couleur. Pour optimiser l'utilisation de votre rétine, observez de face les planètes, suffisamment lumineuses pour que l'on en distingue la finesse des couleurs, et regardez légèrement à côté des objets peu lumineux : c'est ainsi le bord de votre rétine qui récoltera les précieux photons, vous donnant une image plus claire de l'objet observé. On appelle cette technique l'observation en vision périphérique et elle est aussi surprenante qu'efficace.

Préparer son programme d'observation

Plutôt que de sortir sans savoir ce que vous allez observer, vous gagnerez en efficacité si vous préparez votre sortie en faisant un programme d'observation.

Pour préparer votre programme, la solution la plus simple est sans doute d'utiliser l'informatique : de nombreux logiciels peuvent vous montrer le ciel que vous verrez, quel que soit le jour, l'heure et le lieu d'où vous observez. Parmi les plus courants, citons Redshift, Starry night ou encore Celestia, qui a le mérite d'être téléchargeable gratuitement (voir Annexes page 97). L'informatique ne remplace toutefois pas un bon atlas du ciel (voir également les Annexes).

Cherchez d'abord si la Lune est présente. Si c'est le cas, ne prévoyez pas d'observer le ciel profond car elle vous gênerait. Notez toutefois que si son lever intervient en seconde partie de nuit, elle vous laisse une plage de quelques heures de ciel noir.

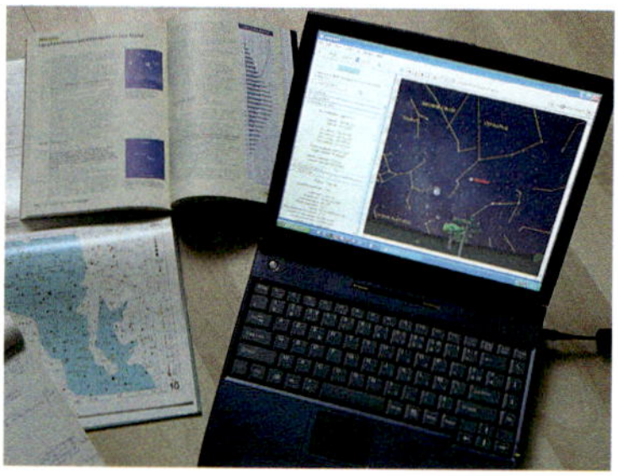

▲ *Un atlas du ciel ou un logiciel constituent de bonnes sources pour établir un programme d'observation. Internet offre également de nombreux sites décrivant des campagnes d'observation pour l'astronome débutant ou aguerri.*

Ensuite, il vous reste à choisir les objets que vous allez observer : le plus pratique est de se concentrer sur une petite portion de ciel et d'essayer d'y repérer les principaux objets. On découvre ainsi le ciel petit à petit, une constellation après l'autre.

Le chapitre suivant vous aidera à choisir vos premières cibles : on y décrit les plus beaux objets à observer.

Pensez à sortir l'instrument 30 min à 1 h avant le début de l'observation afin de le laisser se mettre à température, ceci pour éviter les turbulences créées par les différences de température.

Où s'installer ?

Suivez les conseils ci-dessous lorsque vous choisissez votre lieu d'observation.

- Ne jamais observer de derrière une fenêtre, car la vitre n'a pas la qualité optique requise.
- Ne pas observer de l'intérieur à travers une fenêtre ouverte. La différence de température entre intérieur et extérieur, fût-elle minime, engendre des turbulences rédhibitoires pour une observation de qualité.
- Éviter de s'installer sur une surface en pierre ou en béton qui stocke la chaleur le jour et la restitue la nuit, engendrant là encore des turbulences gênantes.

▲ *D'ici, la vue est imprenable, y compris sur la débauche de lumière de la ville située à une dizaine de km. L'observateur planétaire n'en sera pas perturbé, mais l'amateur de ciel profond peut plier bagage.*

- Choisir un site dégagé au sud : c'est le côté du ciel où évoluent les planètes, la Lune et le ciel spécifique à chaque saison. Côté nord, on observe le ciel circumpolaire, c'est-à-dire les constellations qui ne passent jamais sous l'horizon. Concrètement, seule une faible proportion d'objets peuvent être observés dans cette direction.
- Pour le ciel profond, choisir un site situé au sud de toute pollution lumineuse. Ainsi, la lumière gênante se trouvera vers le nord, là où l'on observera pas, ou peu. Pour le planétaire en revanche, la forte luminosité des cibles autorise une observation même sous un ciel pollué par la lumière.
- Un site en altitude favorise un ciel pur : la qualité des observation n'en est que meilleure ! Attention toutefois au fait que plus on est haut, plus on voit loin. Il n'est donc pas rare d'être gêné par la pollution lumineuse d'une grande ville, pourtant située à plusieurs dizaines de kilomètres, alors que l'on se trouve sur un sommet offrant une vue imprenable.

Lutter contre le froid

La nuit, il fait souvent froid, même l'été. Il faut donc prévoir quelques équipements et accessoires pour se protéger contre le froid.

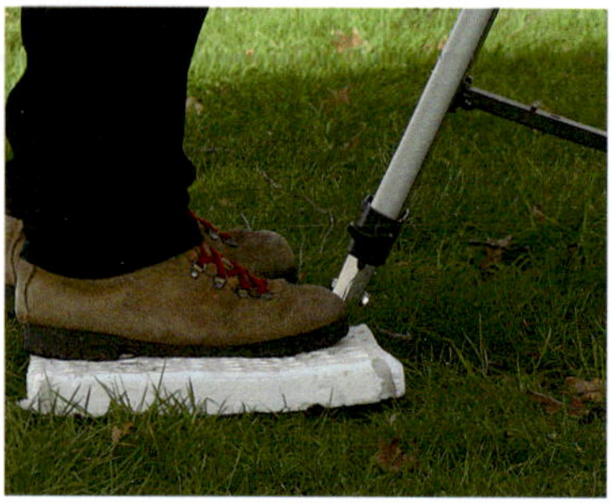

▲ *Monter sur une plaque de polystyrène : une astuce pas chère pour ralentir l'arrivée du froid par le sol !*

- Couvrez-vous bien et préférez plusieurs épaisseurs à une seule. L'air contenu entre les épaisseurs contribue à l'isolation thermique.
- Protégez vos extrémités : nez, oreilles, doigts, pieds, tête. C'est par là que le froid arrive et quand il s'installe, il n'y a plus grand chose à faire.
- Prévoyez une boisson chaude et des en-cas pour tenir le coup.
- Isolez-vous du sol : debout sur une plaque de polystyrène, vous retarderez l'arrivée du froid sur vos pieds.

Les accessoires utiles

Quelques outils faciliteront l'organisation de votre soirée. En voici une liste non exhaustive.

- Une carte du ciel : choisissez-la tournante, elle vous permettra de savoir avec précision ce qui est visible ou ce qui ne l'est pas selon l'heure et la date de l'observation. La plus courante est sans conteste le « mini-ciel » de Pierre Bourge. Vous le trouverez facilement dans les magasins vendant des instruments d'observation, mais aussi dans les planétariums et même dans certaines librairies.

▲ *Le célèbre « mini-ciel » de Pierre Bourge est l'outil indispensable pour se repérer dans le ciel.*

- Une lampe éclairant en rouge : c'est la couleur qui éblouit le moins la nuit, à condition toutefois qu'elle soit tamisée. Une lampe LED rouge est tout à fait adaptée à cet usage. On en trouve facilement dans les rayons bricolage ou bazar des supermarchés, ou sous forme de lampe frontale (bien pratique !), dans des magasins de loisirs extérieurs (randonnée, sport...). À défaut d'autre chose, une astuce consiste à recouvrir une lampe blanche de faible intensité de rouge à ongles.
- Une lampe de poche classique : toujours pratique pour être sûr de ne rien laisser sur place en fin d'observation.
- Papier et crayon : souvent utiles pour prendre des notes : heure d'ob-

servation d'une étoile filante, description d'un bel objet, question non résolue à creuser, etc.

- Tournevis, clés alen et clés plates : c'est toujours quand vous ne les avez pas qu'un boulon choisit de se dévisser sur votre monture...

Préparer la monture

Si votre instrument provient d'une marque sérieuse, la notice incluse dans la boîte vous indique comment assembler les éléments entre eux, mais c'est rarement au montage que les difficultés apparaissent. Évitez de monter les pieds au maximum de leur hauteur, la stabilité de l'ensemble n'en serait que moins importante. Préférez réduire la hauteur des pieds au minimum, si possible, afin de baisser le centre de gravité. Vous éviterez ainsi les désagréments d'une monture peu stable.

La monture azimutale : tout de suite prête

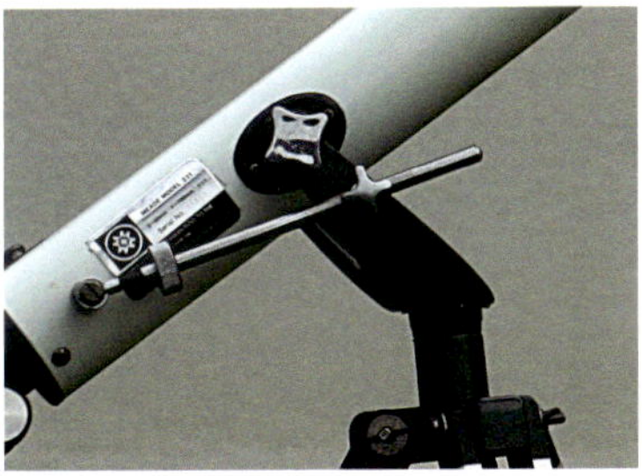

▲ *La grande majorité des montures azimutales sont équipées d'une tige de contrôle lent.*

Sur une monture azimutale, la mécanique vous posera peu de difficultés : un contrôle lent vertical, sous forme d'une tige métallique qui se visse ou se dévisse, permet d'assurer un mouvement fin en altitude. Un simple frein sur l'axe vertical régit le mouvement en azimut. Une fois que vous maîtrisez ce système d'ajustement, la manipulation de l'instrument est très intuitive. Il vous reste à régler la partie optique (voir page 46).

La monture équatoriale : moins intuitive mais plus efficace !

Il est souhaitable de s'arrêter un instant sur les termes désignant les différents axes et les molettes de contrôle qui agissent dessus. Les mouvements possibles sont au nombre de 4. Du bas vers le haut, on trouve d'abord le contrôle d'azimut (voir « 1 » sur l'illustration de la page suivante), qui oriente l'ensemble de la monture autour d'un axe vertical ; juste au-dessus se trouve l'axe de latitude (« 2 » sur l'illustration de la page suivante), horizontal, qui permet un mouvement de la monture de l'horizon jusqu'au zénith ; vient ensuite l'axe d'ascension droite ou de suivi (« 3 » sur l'illustration de la page 53), et enfin l'axe de déclinaison (« 4 » sur l'illustration de la page 53).

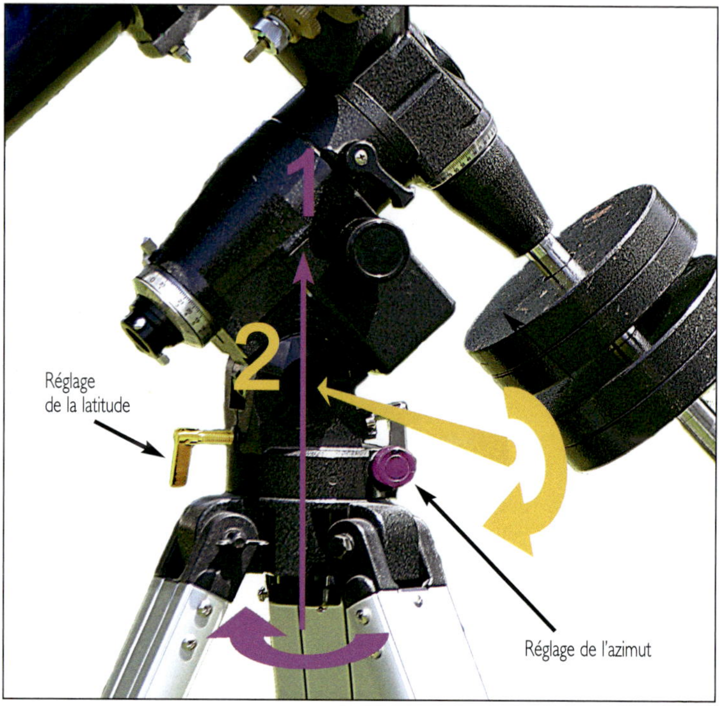

▲ *La mise en station se fait en ajustant la latitude et l'azimut.*

Alors que les axes d'ascension droite et de déclinaison servent à diriger le télescope ou la lunette pendant l'observation, les deux autres axes permettent la mise en station. Il s'agit pour cela d'orienter la monture dans la bonne direction et avec le bon angle, de façon à ce que ses mouvements soient coordonnés à ceux du ciel. Il faut donc aligner l'axe d'ascension droite sur l'étoile polaire. Ainsi, en tournant autour de cet axe, l'instrument compense la rotation de la Terre. C'est cette procédure que l'on appelle la mise en station.

Astuce !

Retenez ces deux règles pour ne pas vous empêtrer dans les axes.

Les axes d'ascension droite et de déclinaison sont perpendiculaires.

L'axe de déclinaison « tient » le contrepoids, l'axe d'ascension droite « tient » l'étoile polaire.

Commençons par le réglage le plus bas, celui de l'azimut (en rose sur la photo ci-dessus) : vous devez orienter la monture de façon à ce que l'axe d'ascension droite soit dirigé vers le nord. Pour cela, commencez par orienter grossièrement l'ensemble trépied-monture-tube dans la bonne direction,

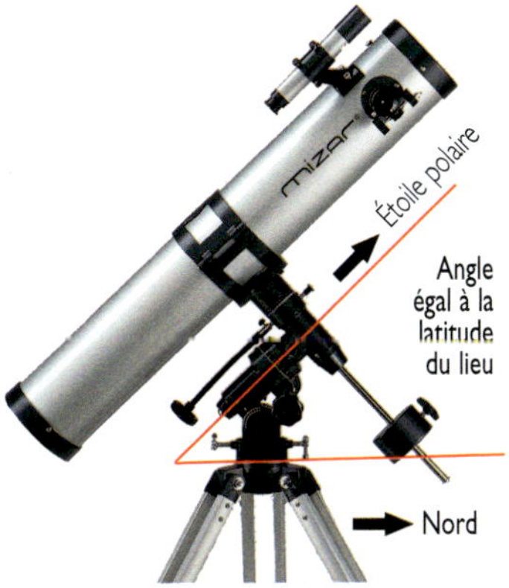

▲ *La mise en station de ce télescope est correcte.*

puis affinez en déplaçant légèrement la monture sur le trépied. Deux molettes sont souvent prévues à cet effet (en rose).

Votre axe d'ascension droite pointe désormais en direction du nord. Vous devez maintenant l'incliner selon un angle qui correspond à la latitude de votre lieu d'observation (par exemple 49°, si vous observez de Paris) à l'aide du réglage « 2 » (en jaune sur l'illustration de la page de gauche). Si vous ne vous êtes pas trompé, votre instrument doit ressembler

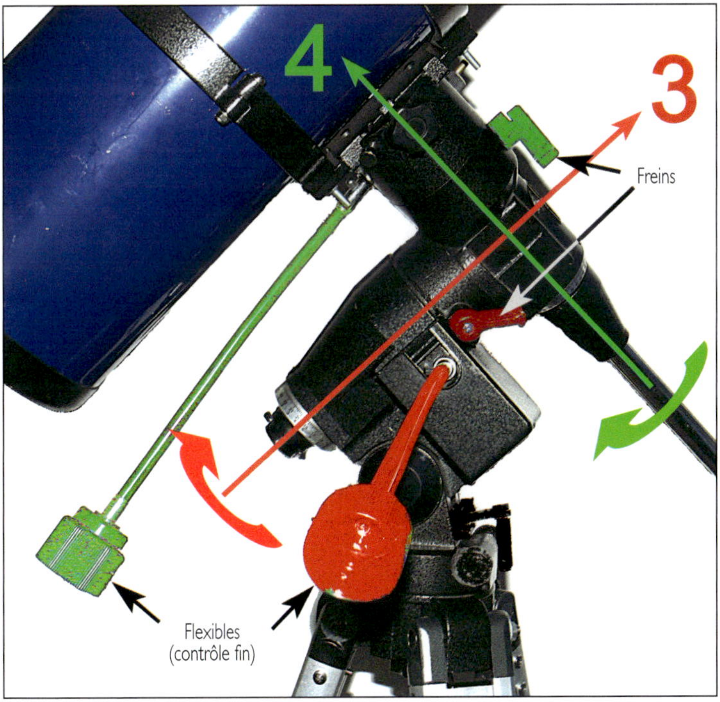

▲ *On peut agir sur les axes d'ascension droite (en rouge) et de déclinaison (en vert) soit grâce aux freins, pour de grands déplacements, soit à l'aide des flexibles, pour des mouvements plus fins.*

à la figure du haut de la page précédente. Si ce n'est pas le cas, vous vous êtes sans doute mélangé dans les différents axes.

L'axe d'ascension droite est désormais dirigé vers le pôle nord céleste, matérialisé par l'étoile polaire. Il se trouve alors parallèle à l'axe de rotation de la Terre : le simple fait de tourner autour de cet axe compense la rotation de la Terre. Il faut donc que, pendant votre observation, vous ne touchiez plus aux réglages que vous venez de faire.

Pour diriger le tube dans la direction où vous voulez observer, vous disposez maintenant de deux « freins », qui libèrent les mouvements du tube lorsque vous les desserrez (voir l'illustration du bas de la page précédente). Quand les deux freins sont desserrés, tenez l'extrémité du tube optique du bout des doigts et pivotez autour de la monture en entraînant le tube et en regardant dans la direction que vous souhaitez pointer. L'instrument va de lui-même suivre la direction de votre regard. Ne cherchez pas à pointer en tournant les axes l'un après l'autre : le mouvement simultané des deux axes est la clé d'un pointage facile et efficace. Une fois votre cible grossièrement pointée, resserrez les freins et agissez sur les contrôles lents (les flexibles) tout en regardant à l'oculaire pour affiner le pointage et vous assurer que l'objet est centré.

Attention !

En desserrant les freins, vous allez réaliser l'importance de l'équilibrage de l'instrument ! En effet, le tube va basculer d'un côté ou de l'autre, selon sa position et les contrepoids.

Pour équilibrer l'instrument, mettez le tube à l'horizontale et faites coulisser les contrepoids à l'extrémité de leur tige, freins serrés. En desserrant les freins, le tube doit rester à l'horizontale. Sinon, avancez-le ou reculez-le dans les colliers afin qu'il soit parfaitement équilibré.

Mettez ensuite la tige de contrepoids à l'horizontale et, en faisant coulisser les poids sur la tige, faites en sorte que le tube s'équilibre avec les contrepoids.

▲ *Un instrument bien équilibré doit pouvoir rester dans n'importe quelle position, freins desserrés. Notez que le bas de la monture garde la mise en station.*

Prenez le temps d'être à l'aise avec les mouvements de votre monture. Faites de nombreux essais en plein jour. Au final, quand il s'agira de l'utiliser dans le noir, vous gagnerez un temps précieux et une précision appréciable lors de vos observations.

La monture à fourche : souvent informatisée

Les montures à fourches sont de plus en plus équipées du système GOTO. Dans ce cas, on peut généralement choisir entre un mode azimutal ou équatorial. En mode azimutal, choisi *via* la raquette, la base du télescope doit être horizontale et c'est l'informatique qui s'occupe de gérer les mouvements d'altitude et d'azimut. En mode équatorial, choisi également *via* la raquette, la base du télescope doit être perpendiculaire à la direction de l'étoile polaire. La position inclinée de la base est obtenue, selon le modèle, soit directement grâce à un trépied étudié à cet effet, soit par l'intermédiaire d'une table équatoriale, support métallique s'intercalant entre la monture et le trépied. Une fois que la base est ainsi inclinée, l'axe d'azimut devient axe d'ascension droite et l'axe d'altitude devient axe de déclinaison. Pour l'observation visuelle, le mode azimutal sera souvent préférable. Pour pratiquer la photo, en revanche, on préfèrera le mode équatorial. Nous en reparlerons au chapitre concernant la photo (voir page 85).

Pour profiter du pointage automatique d'une monture équipée d'un système GOTO, il faut l'initialiser correctement. Si les détails de la mise en œuvre varient selon la marque ou le modèle, le principe général reste le même : on installe l'instrument dans une position de départ, spécifiée dans la notice, on entre l'heure, la date, l'endroit d'où l'on observe, puis l'instrument se déplace de lui-même vers 1, 2 ou 3 étoiles repères. Après vérification du pointage en regardant dans l'oculaire, on valide la procédure. L'instrument est alors capable de pointer n'importe quel astre enregistré dans la mémoire de la raquette de commande.

Ce type d'instrument simplifie considérablement la phase de recherche d'objets, mais nécessite une certaine rigueur, propre à l'informatique : en effet, la raquette de commande ne vous dira pas si vous vous êtes trompé d'heure, de lieu ou de cible ! Par ailleurs, il vous faudra sans doute quelques séances d'utilisation pour en tirer tous les avantages, tant les possibilités sont grandes et les réglages nombreux. À ce titre, la popularisation des systèmes équipés de GPS, de compas électronique et de détecteurs d'horizontalité facilitent la mise en station. Ces outils, en automa-

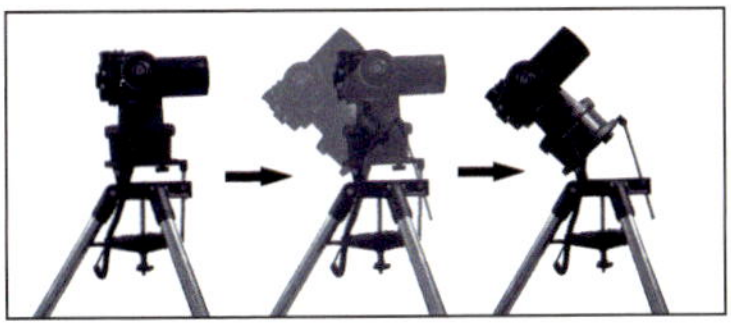

▲ *Les deux positions possibles d'une monture à fourche : à gauche, la position azimutale, à droite, la position équatoriale.*

tisant les principales phases de cette dernière, améliorent remarquablement la justesse du pointage... à condition que tout se passe bien. Dans le cas inverse, on met souvent longtemps à trouver la faille.
Une fois la mise en station effectuée, ne bougez plus votre instrument qu'à l'aide de la raquette de commande. En le déplaçant manuellement, vous perdriez votre mise en station.

Attention au calibrage !

À la première utilisation d'une monture GOTO, il est bon de calibrer les mouvements des moteurs, afin que le pointage et le suivi soient le plus précis possible. En effet, les engrenages sollicités provoquent fatalement un léger jeu qui, s'il n'est pas pris en compte, génère une imprécision dans le pointage, puis dans le suivi. Cette opération s'effectue sur une cible fixe (un repère terrestre), de préférence le jour. Le détail de l'opération est logiquement expliqué dans la notice de l'instrument. Ne négligez pas cette étape, malheureusement omise par de nombreux utilisateurs.

Chapitre 5

Quels objets observer ?

Vous avez sans doute beaucoup à apprendre encore avant de maîtriser votre matériel, mais leurs rudiments vous sont maintenant connus. Il est temps d'aborder ce qui nous intéresse : l'observation proprement dite.

Se repérer **dans le ciel**

Pour s'y retrouver parmi les nombreuses étoiles qui forment la voûte céleste, il faut de l'ordre et de la méthode. Aussi, c'est l'Union astronomique internationale (UAI) qui décide, pour l'ensemble des nations, de la nomenclature des objets du ciel. L'UAI a ainsi défini 88 constellations grâce auxquelles on peut situer facilement et rapidement n'importe quelle portion du ciel.

Pour faciliter le repérage au sein des constellations, leurs étoiles principales sont nommées par des lettres grecques, de la plus lumineuse (Alpha) à la moins lumineuse, en suivant l'ordre de l'alphabet grec : Epsilon de la Lyre est donc la cinquième étoile en importance dans la constellation de la Lyre.

Si cette précision ne suffit pas (ce qui est courant !), on peut utiliser les coordonnées célestes qui donnent une valeur en ascension droite et en déclinaison. Là, plus d'erreur possible : à chaque couple de coordonnées correspond un unique point. Une fois celui-ci repéré sur une carte détaillée de la région du ciel, il reste à y pointer le télescope. La solution la plus simple (dont nous nous contenterons dans cet ouvrage d'initiation) consiste à prendre comme point de départ une étoile brillante située à proximité, puis

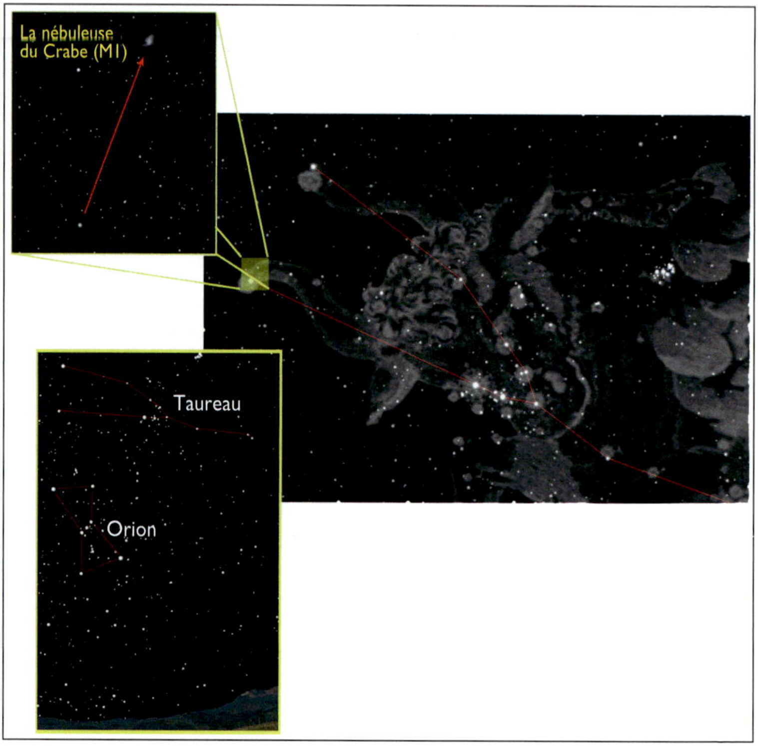

▲ *Pour repérer la nébuleuse du Crabe, partez de l'étoile qui symbolise l'une des cornes du Taureau, puis remontez légèrement vers l'autre corne. Ce type de technique est le moyen le plus efficace pour trouver un objet facilement.*

à se rendre d'étoile en étoile jusqu'à l'objet convoité. Avec un peu de chance, on trouve parfois une étoile dont la déclinaison ou l'ascension droite est presque la même que celle de l'objet choisi. En bloquant un axe de la monture, il ne reste plus qu'à agir sur l'autre jusqu'à trouver la cible. Pour mieux comprendre, imaginez que vous cherchiez un bâtiment dans une ville : on peut vous dire exactement où il se trouve, en vous indiquant sa latitude et sa longitude. Une carte précise vous permettra alors de le repérer. Pour vous y rendre, vous pourrez ensuite prendre des repères sur la carte pour vous diriger (première à droite après le carrefour, puis deuxième à gauche après la mairie, etc.).
Il existe plusieurs façons de nommer les objets du ciel profond. Les plus populaires possèdent parfois un nom qui les décrit : la nébuleuse North

America par exemple, ou la galaxie Whirlpool (tourbillon, en français)... Mais on peut aussi nommer cette dernière en fonction de la constellation où on la trouve : ainsi, la galaxie Whirlpool devient la galaxie des Chiens de chasse. Enfin, il existe plusieurs catalogues d'objets. Ce sont des listes d'objets où l'on retrouve toutes ces merveilles sous des noms plus ou moins exotiques : notre galaxie Whirlpool s'appelle par exemple M51 dans le catalogue de Messier ou NGC 5194 dans le New General Catalog.

Le catalogue des objets de Messier

De 1758 à 1782, Charles Messier, cherchant des comètes, décida de répertorier toutes les curiosités célestes qui le perturbaient régulièrement dans ses observations. Il lui arrivait en effet de confondre un objet déjà observé avec une découverte potentielle de nouvelle comète. C'est ainsi qu'il catalogua une centaine d'objets remarquables, connus aujourd'hui sous le nom d'objets de Messier. Ils sont numérotés de M1 à M110 et constituent la principale ressource des astronomes amateurs pour leurs observations. D'autres catalogues plus complets existent, mais celui de Messier reste sans doute le plus accessible, en raison de la facilité d'observation de ses objets.

Quelques cibles de choix

Voici quelques objets à ne pas manquer. Évidemment, cette liste est loin d'être exhaustive, mais elle a le mérite de vous permettre de débuter avec des objets faciles. Pour chacun, vous trouverez d'abord une description sommaire, assortie de quelques chiffres présentant la nature de l'astre et ses caractéristiques physiques.

Puis est indiquée la période favorable pour l'observer, c'est-à-dire le moment de l'année où l'observation est possible dans de bonnes conditions, et avant minuit. On peut toutefois allonger cette période de visibilité si l'on veille après minuit. Lorsque l'objet se trouve dans le ciel profond, il est expliqué comment le trouver simplement.

Enfin, on trouve une description de ce que l'on peut voir à l'oculaire, assortie d'une photo circulaire se rapprochant le plus possible de la perception visuelle de l'objet. Une comparaison avec une pièce de 1 €, pour les planètes, aide à donner une échelle. On lira par exemple que, grossie 100 fois, Jupiter semble, à l'oculaire, de la même taille qu'une pièce de 1 € vue à 1,20 m. On pourrait tout aussi bien dire que grossie 200 fois, elle apparaît comme la même pièce vue à 60 cm.

La Lune

▲ *De soir en soir, la Lune se montre sous un nouveau jour.*

Cible de l'amateur par excellence, la Lune offre un spectacle magnifique dans n'importe quel instrument. Ce satellite naturel de la Terre est l'astre le plus proche de nous : il se situe à une distance de 350 000 à 400 000 km, soit la distance parcourue par la lumière en 1 s. Son diamètre est de 3 500 km environ. La Lune fait le tour de la Terre en un peu plus de 27 jours, durée pendant laquelle elle prend différentes formes : croissant, puis quartier, puis Lune gibbeuse (c'est-à-dire que plus de la moitié est éclairée), puis Pleine Lune, et à nouveau gibbeuse, quartier, croissant, jusqu'à disparaître. Puis le cycle recommence.

Période favorable pour l'observation

Le choix du moment de la lunaison est un paramètre important. Facilement repérable deux jours après la nouvelle Lune, sous la forme d'un fin croissant, l'astre grossit de jour en jour, montrant à chaque fois de nouveaux reliefs.
La première semaine, qui mène au premier quartier, est la plus spectaculaire pour l'observation. C'est le bon moment pour une découverte de la

▲ *Le relief de la Lune, bien visible au premier quartier (droite), disparaît complètement à la Pleine Lune (gauche).*

Lune. Les détails sont alors bien marqués, en particulier le long du terminateur (la limite entre la partie éclairée et la partie obscure). De soir en soir, la Lune se montre différente selon son éclairage. Elle change également de place dans le ciel, se décalant chaque jour de presque 15°.
La deuxième semaine voit la Lune devenir de plus en plus ronde et de plus en plus lumineuse. Entre le quartier et la Pleine Lune, on qualifie la Lune de « gibbeuse ». On peut continuer à l'observer, mais plus on s'approche du 14e jour, où la Lune est pleine, plus les détails sont noyés dans le puissant éclairage de face que lui procure le Soleil. Seul un filtre lunaire, petit accessoire qui se visse à l'arrière de l'oculaire, peut alors atténuer sa luminosité et permettre une observation confortable. À la Pleine Lune, elle se lève au coucher du Soleil.
La troisième semaine amène progressivement la Lune au dernier quartier. Durant cette semaine, elle se lève de plus en plus tard, pour finir par se lever vers minuit au dernier quartier.
La quatrième semaine clôture le cycle, révélant un spectacle tout aussi beau qu'à la première semaine, mais avec un lever de Lune toujours plus tardif, qui oblige l'observateur à veiller jusqu'au petit matin.

Comment la trouver ?

Lever les yeux suffit le plus souvent à trouver la Lune ! Seules la direction dans laquelle on doit regarder et l'heure changent de jour en jour.

- Juste après la nouvelle Lune, il faut la chercher là où le Soleil vient de se coucher. Elle ne tarde pas à disparaître elle aussi sous le même horizon.
- Au premier quartier, elle est au sud en début de nuit.
- À la Pleine Lune, elle se lève à l'est au coucher du Soleil.
- Au dernier quartier, elle est se lève à l'est en fin de nuit.

Que voit-on ?

Rien qu'à l'œil nu, on distingue les principales mers (on appelle ainsi les grandes plaines basaltiques sombres). Les jumelles permettent de découvrir quelques cratères le long du terminateur. Le moindre instrument grossissant une centaine de fois offre un spectacle saisissant. La Lune peut alors être représentée par un cercle de 1 m de diamètre vu à une distance de 1 m ! On y découvre alors ses nombreux reliefs : cratères, rainures, dômes, chaînes de montagnes, etc., dont la beauté n'a d'égal que leur diversité.

Jupiter

Constituée de gaz, Jupiter est la plus grosse planète du Système Solaire : 143 000 km de diamètre, c'est-à-dire environ 12 fois notre planète. Lorsqu'elle est au plus près de la Terre, elle se trouve à environ 650 millions de km et sa lumière met alors 35 min à nous parvenir. C'est sans aucun doute la planète la plus observée par les amateurs.

Période favorable pour l'observation

Jupiter étant une planète dont l'orbite est extérieure à celle de la Terre, on la voit toute la nuit lorsqu'elle se situe à l'opposé du Soleil dans le ciel (cette situation appelée opposition est expliquée dans le chapitre 2, page 16). Cette configuration revient en moyenne tous les 398 jours, soit 1 an et 1 mois.

Deux mois avant l'opposition, Jupiter commence à être observable vers 23 h, et six mois après, elle se couche juste après le Soleil. Ces huit mois peuvent être mis à profit pour l'observer. Voici, pour les années à venir, les mois d'opposition, permettant de déterminer le point de départ de la campagne annuelle d'observation de Jupiter : août 2009, septembre 2010, octobre 2011, novembre 2012, décembre 2013, février 2015, mars 2016, etc.

Comment la trouver ?

Il faut chercher Jupiter, comme toutes les autres planètes, à proximité de l'écliptique, c'est-à-dire sur le trajet décrit dans le ciel par le Soleil. Toutefois, rappelons que si le Soleil est haut dans le ciel le jour (en été), les planètes sont plutôt basses la nuit, et inversement (voir page 22).

Vous la trouverez facilement car elle est très lumineuse. En 2009, cherchez-la dans la constellation du Capricorne. En 2010, elle sera dans les Poissons, en 2011 dans le Bélier, en 2012 dans le Taureau. Regardez une carte du ciel et vous trouverez facilement la suite de cet itinéraire au fil des ans. En 12 ans, elle sera revenue à son point de départ, après avoir traversé les constellations que vous connaissez sous le nom de signes du zodiaque (Ophiuchus en plus...). Ne mélangeons toutefois pas astronomie, qui est une science, et astrologie, qui est une croyance... et refermons vite cette boîte de Pandore, source éternelle de polémiques.

Que voit-on ?

Avec des jumelles grossissant 10 fois, on peut déjà voir Jupiter comme un cercle et non plus comme un point. Grossie 100 fois, elle apparaît de la

même taille qu'une pièce de 1 € vue à 1,20 mètre.
La moindre lunette dévoile ses quatre satellites principaux : Io, Europe, Ganymède et Callisto. Leur ballet incessant permet de déceler leurs mouvements respectifs heure après heure. D'un soir sur l'autre, la position des quatre satellites peut ainsi changer du tout au tout ! Il est également facile de repérer les deux zones nuageuses tropicales qui se détachent sur le fond clair de la planète. Avec un peu d'habitude et en utilisant un instrument d'au moins 80 à 90 mm de diamètre, on apprend à discerner des détails dans ces bandes nuageuses, notamment la fameuse grande tache rouge – qui peut paraître bien pâle malgré son nom. La planète tournant sur elle-même en un peu moins de 10 h, on peut facilement suivre sa rotation en quelques heures d'observation.

Saturne

L'image des anneaux de Saturne reste un des plus beaux spectacles que le ciel puisse offrir. N'importe quel instrument pouvant les montrer, c'est souvent le premier choc du débutant et cette planète reste le morceau de choix d'une soirée d'observation.
Deux fois plus éloignée de la Terre que Jupiter, Saturne est aussi légèrement plus petite, avec un diamètre de 120 000 km. Elle boucle un tour du ciel en 29 longues années et sa lumière parvient jusqu'à nous après un voyage de plus d'une heure.

Période favorable pour l'observation

Pour Saturne aussi, la période qui suit l'opposition est particulièrement indiquée pour l'observation. Celle-ci se reproduit tous les 378 jours en moyenne. Pour observer la planète à des heures « raisonnables », comptez cinq mois d'observation possible après l'opposition.
Les prochaines oppositions auront lieu en mars 2010, avril 2011, avril 2012, avril 2013, mai 2014, mai 2015, juin 2016 et ainsi de suite.

▲ *Saturne en 1997, 1998 et 1999. On voit que l'aspect des anneaux change petit à petit.*

Comment la trouver ?

Comme Jupiter, Saturne est suffisamment brillante pour être repérée facilement. Vous la trouverez dans le Lion de 2007 à 2009, dans la Vierge de 2010 à 2013 et dans la Balance de 2014 à 2016.

Que voit-on ?

Le disque de Saturne reste, compte tenu de son éloignement, 2 fois plus petit que celui de Jupiter, ce qui permet de comparer cette planète, grossie 100 fois, à une pièce d'1 € vue à 2,50 mètres environ.

Toutefois, si l'on inclut les anneaux, la taille apparente de l'ensemble est approximativement semblable à celle de Jupiter.

S'il reste difficile de discerner des détails sur la planète, on peut en revanche, avec un instrument d'au moins 80 mm de diamètre, observer la division de Cassini. Il s'agit d'un espace séparant les anneaux en deux zones distinctes. La différence de teinte est bien visible : l'anneau extérieur est nettement plus sombre que l'anneau intérieur. Titan, satellite de Saturne, est aisément repérable comme un point.

Il est intéressant de noter que les anneaux se présentent d'abord vus de dessus, puis par la tranche, puis de dessous et à nouveau par la tranche, selon un cycle de 30 ans. Tous les 15 ans, ils disparaissent donc quelques semaines, lorsqu'ils sont vus de profil. Cette observation mémorable a pu se faire en 2009 et aura lieu en 2024. Toutefois, c'est au moment où l'angle d'ouverture des anneaux est le plus grand (en 2003 et en 2017), que l'observation est la plus intéressante, les détails étant plus faciles à saisir.

Vénus

Tantôt du soir, tantôt du matin, Vénus est l'astre le plus lumineux du ciel après le Soleil et la Lune. D'un diamètre à peine plus petit que celui de la Terre, Vénus tourne autour du Soleil en un peu plus de sept mois, sur une orbite qui la place entre nous et le Soleil. Ainsi, nous l'observons toujours comme si nous étions à côté d'un rond-point et que nous regardions une voiture (Vénus) tourner autour d'un arbre central (le Soleil). C'est la planète qui s'approche le plus de nous : elle est parfois à moins de 45 millions de km, ce qui lui vaut d'être l'astre le plus proche de la Terre après la Lune !

Période favorable pour l'observation

Vénus étant sur une orbite plus proche du Soleil que la Terre, elle apparaît toujours assez voisine du Soleil. On cherche donc à l'observer lorsqu'elle forme un angle le plus ouvert possible avec ce dernier. Au maximum, cet angle est d'un peu plus de 45° (une part de gâteau coupé en 8, pour les moins matheux), ce qui est peu. Lorsque Vénus est à son angle le plus ouvert à l'est du Soleil (c'est-à-dire à sa gauche au coucher du Soleil), elle est à ce que l'on appelle son élongation maximum est, et elle se couche environ 3 h après le Soleil. Commence alors une fenêtre d'observation d'environ quatre mois durant laquelle la planète se rapproche de plus en plus de la Terre et change d'aspect de semaine en semaine (voir plus loin). Le même phénomène se produit à l'inverse, au lever du Soleil, pendant les quatre mois suivants où elle s'éloigne de la Terre.
Voici les prochains mois où Vénus sera en élongation maximum est, et donc visible le soir dans les quatre mois qui les suivent : août 2010, avril 2012, novembre 2013, juin 2015, janvier 2017, etc.

Comment la trouver ?

Pour trouver Vénus, repérez le premier astre à percer le soir, en direction de l'ouest, dans les périodes de visibilité décrites plus haut. Dépassant toutes les autres planètes en luminosité, elle décore superbement n'importe quel paysage au couchant. Vous l'avez peut-être aussi déjà vue le matin, avant le lever du Soleil, en direction de l'est.

Que voit-on ?

La proximité de Vénus et sa révolution autour du Soleil expliquent pourquoi son diamètre est très changeant : si on la grossit 100 fois, elle

ressemble au plus loin à une pièce de 1 € vue à 5 m, et au plus près à la même pièce de 1 € vue à 80 cm.

Si les détails dans l'atmosphère de Vénus ne sont que rarement perceptibles dans les télescopes de moins de 200 mm, la planète est une cible intéressante pour l'amateur : sa position est telle que nous la voyons sous forme d'un croissant, comme une mini Lune. Qui plus est, plus le croissant est fin, plus il est près de la Terre et donc plus il semble gros. Mais comme rien n'est simple, plus il est près de la Terre et plus il apparaît à proximité du Soleil dans le ciel. Ainsi, chaque rapprochement fait l'objet d'un challenge à qui observera le plus fin croissant, quelques jours seulement avant que Vénus ne passe entre Soleil et Terre.

Mars

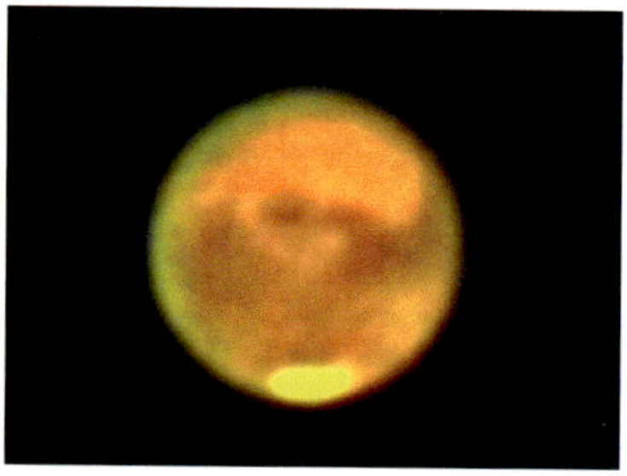

Quatrième planète du Système Solaire, Mars a toujours éveillé la curiosité de l'homme, au point que certains y ont vu, à la fin du XIXe siècle, des traces d'activité humaine. Si l'on sait aujourd'hui que les observateurs de l'époque s'étaient trompés, il n'en reste pas moins vrai que Mars fait l'objet de recherches visant à démontrer que l'eau y a bel et bien coulé et que la vie pourrait s'y être développée sous une forme primitive. Deux fois plus petite que la Terre, avec ses 6 700 km de diamètre, notre voisine nous envoie sa lumière en quelques minutes.

Période favorable pour l'observation

Mars étant une planète dont l'orbite est extérieure à celle de la Terre, le meilleur moment pour l'observer est celui de l'opposition (voir page 16). Ce rendez-vous a lieu tous les vingt-six mois. Pour en profiter au maximum, on peut commencer à observer Mars trois mois avant l'opposition, pour peu que l'on veille tard, puisqu'elle se lève en deuxième partie de nuit. Tandis que la planète se rapproche de nous de soir en soir, elle se lève aussi de plus en plus tôt pour, à l'opposition, se lever au moment où le Soleil se couche. Elle est alors à sa distance minimale de la Terre par rapport aux deux années précédentes. Les trois mois qui suivent, où Mars s'éloigne à nouveau, permettent de la voir le soir, mais de plus en plus petite de semaine en semaine. En dehors des trois mois qui précèdent l'opposition et des trois mois qui la suivent, sa taille devient telle que son observation présente alors peu d'intérêt.

Il est intéressant de noter que, d'opposition en opposition, le diamètre apparent de Mars change de façon significative : en effet, l'orbite de Mars étant une ellipse (tout comme l'orbite de la Terre), la distance entre les deux planètes au moment de l'opposition varie selon leur position sur leur orbite respective. Le diamètre de Mars peut ainsi passer du simple au double ! Après une opposition record en 2003, où la planète « frôlait » la Terre à moins de 56 millions de km, les oppositions de novembre 2005, décembre 2007, janvier 2010 et mars 2012 amèneront progressivement cette distance à 100 millions de km. Puis les oppositions d'avril 2014, mai 2016 et juin 2018 ramèneront à nouveau la distance à moins de 58 millions de km.

Comment la trouver ?

Moins lumineuse que les autres planètes précédemment décrites, Mars se caractérise en premier lieu par sa dominante orange. Comme de nombreuses étoiles tirent également sur le rouge, retenez que Mars, comme les autres planètes, ne scintille pas.

Animée d'un mouvement qui, combiné à celui de la Terre, lui fait décrire une boucle dans le ciel à chaque opposition, Mars est par ailleurs relativement proche du Soleil et se déplace suffisamment rapidement pour traverser plusieurs constellations en quelques semaines. Pour les années à venir : Cancer et Lion en 2010, Lion et Vierge en 2012, Vierge en 2014, Scorpion et Ophiuchus en 2016.

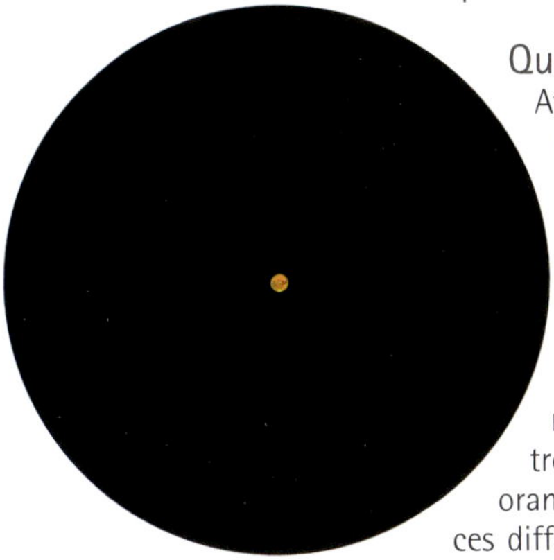

Que voit-on ?

Avec un grossissement de 100 fois et lors des oppositions les plus favorables, Mars peut être comparée à une pièce de 1 € vue à 2 m. Il faudra toutefois un grossissement de 150 fois au moins pour en profiter pleinement.

La géologie variée de la planète permet de distinguer principalement trois couleurs de terrain (brun foncé, orange et blanc) qui prennent des nuances différentes au gré des saisons martien-

nes. Les calottes polaires, visibles comme des taches blanchâtres, varient également selon la saison en cours sur Mars et son orientation par rapport à la Terre. Les détails, riches dans un gros instrument, sont ainsi très changeants d'une observation à l'autre. Il est notamment spectaculaire de voir fondre la calotte polaire de semaine en semaine à l'arrivée de l'été martien. La surface de Mars subissant régulièrement de gigantesques tempêtes de sable, l'évolution de ces tempêtes est également un sujet d'observation particulièrement passionnant, la poussière en suspension masquant tout ou partie des détails habituellement visibles.
La rotation de Mars sur elle-même s'effectue en 24 h et 37 min. Ainsi, si on observe Mars pendant 6 heures, elle a le temps de faire environ un quart de tour, dévoilant alors de nouveaux détails. Au bout de 24 heures, elle n'aura pas tout à fait fini son tour : l'observateur pointant Mars chaque soir à la même heure notera donc un décalage quotidien de 10°, correspondant aux 37 minutes restantes. Cette rotation permet, si l'on observe Mars toujours à la même heure, d'en voir toute la surface en 6 semaines.

La nébuleuse d'Orion (M42)

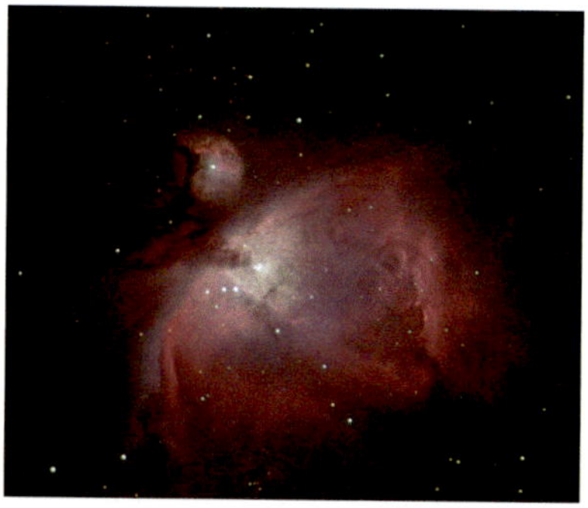

Visible à l'œil nu dans un ciel de campagne, la nébuleuse d'Orion est à 1 500 années-lumière de nous, ce qui signifie que son image a mis 1 500 ans à nous parvenir, malgré la vitesse de 300 000 km/s à laquelle se déplace la lumière. Il faut donc que sa taille soit considérable pour que nous puissions la voir depuis la Terre ! En l'occurrence, elle mesure 30 années-lumière de diamètre, soit trois cent mille milliards de km.
À titre de comparaison, rappelons que Pluton, qui compte parmi les astres les plus éloignés du Système Solaire, n'est qu'à 5 milliards de km de nous et que sa lumière nous parvient en moins de 5 heures.
La nébuleuse d'Orion est une pouponnière d'étoiles. Toutes les étoiles naissent dans de telles nébuleuses, se nourrissant des gaz qui les composent.

Période favorable pour l'observation

La grande nébuleuse d'Orion est observable en direction de l'est dès le mois de novembre, à condition d'attendre minuit pour la pointer. Durant tout l'hiver, elle est visible dans de bonnes conditions dès que le ciel est suffisamment noir. À la fin de l'hiver, l'observation doit démarrer dès le coucher

▲ *Pour trouver la nébuleuse d'Orion, cherchez dans la partie basse de la constellation du même nom.*

du Soleil, puisque la constellation d'Orion se couche peu de temps après lui.

Comment la trouver ?

Il suffit de repérer la constellation d'Orion pour trouver M42, parfois simplement à l'œil nu, sous les trois étoiles alignées formant la ceinture d'Orion. Le moindre doute est dissipé avec une simple paire de jumelles 10 x 50.

Que voit-on ?

Sa découverte, même dans un petit instrument, est un ravissement pour les yeux. Dans un ciel bien noir, un instrument de 130 mm de diamètre permet à l'observateur attentif de distinguer la teinte verdâtre de cette nébuleuse. Le débutant est souvent surpris de voir que les couleurs des nébuleuses évoluent selon la luminosité de l'instrument (et donc son diamètre). Ainsi, les couleurs roses ou rouges visibles sur les photos n'apparaissent qu'à partir de 350 à 400 mm de diamètre dans le meilleur des cas. Par ailleurs, plus l'instrument est lumineux, plus on perçoit les extensions filamenteuses de l'objet.

Au cœur de la partie la plus brillante, quatre étoiles forment un trapèze facilement observable. Nées il y a à peine un million d'années (ce qui est très jeune pour une étoile), elles sont particulièrement chaudes et contribuent pour beaucoup dans la luminosité de la nébuleuse, éclairant l'environnement gazeux constitué à 90 % d'hydrogène.

Pour observer M42 dans les meilleures conditions, il faut une luminosité maximale. Évitez donc de grossir trop, limitez-vous à des grossissements équivalents au diamètre de l'instrument divisé par 3 ou 4, soit 30 à 50 fois pour un télescope de 150 mm. Le plus faible oculaire est souvent le plus adapté. Du reste, la taille apparente de l'objet (cinq fois la surface de la Pleine Lune) permet de se passer d'un fort grossissement.

La nébuleuse de la Lagune (M8)

Située à environ 4 000 années-lumière de nous, cette nébuleuse d'un diamètre de 50 années-lumière a la même taille apparente que la Pleine Lune. Cette nébuleuse du ciel d'été est, comme M42 (décrite précédemment), l'exemple type de l'environnement où naissent les étoiles.

Période favorable pour l'observation

Située dans le Sagittaire, elle est plus difficilement observable en détails que la grande nébuleuse d'Orion, puisque la constellation du Sagittaire reste, sous nos latitudes, basse sur l'horizon. Il faut en effet se contenter de l'observer de juillet à septembre, en choisissant le moment où elle sera au plus haut de sa

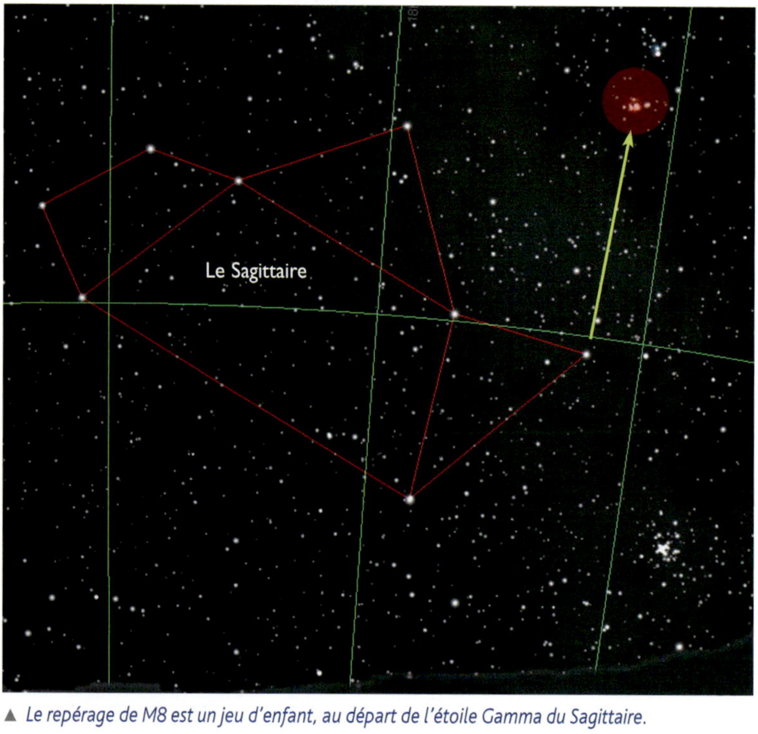

▲ *Le repérage de M8 est un jeu d'enfant, au départ de l'étoile Gamma du Sagittaire.*

course – qui ne dépassera pourtant pas un angle de 15 à 25° au-dessus de l'horizon selon que vous observez du nord ou du sud de la France. De plus, l'inconvénient majeur des observations en été reste le coucher tardif du Soleil, qui décale le début des observations à 23 h 30 au plus tôt.

Comment la trouver ?

Le plus simple, avec une monture équatoriale, est de pointer γ (Gamma) du Sagittaire, la pointe du bec verseur de la théière que dessine la constellation. Un simple mouvement de déclinaison (vers le haut) permet ensuite de découvrir M8, à un peu plus de 5°, sous la forme d'un petit nuage flou sans couleur.

Que voit-on ?

La partie centrale de la nébuleuse est caractérisée par une jolie concentration d'étoiles nées dans et de cette nébuleuse ; on peut également y voir une zone sombre en forme de lagune enveloppant le centre, d'où son nom. Moins effilochée que M42, M8 peut aussi faire penser à un grain de pop-corn éclaté. L'apport de lumière qu'apportent un grand diamètre et/ou un faible grossissement est un atout pour profiter de cette merveille du ciel d'été.

L'amas d'Hercule (M13)

L'amas d'Hercule, dans la constellation du même nom, est sans nul doute l'amas globulaire le plus observé par les amateurs. Regroupant près d'un million d'étoiles, cet amas dont le diamètre atteint une centaine d'années-lumière est distant de 20 000 à 25 000 années-lumière.

M13 est l'archétype de l'amas globulaire : une concentration de vieilles étoiles particulièrement ramassée. Les amas globulaires défient bon nombre des théories astrophysiques. C'est pourquoi ces objets restent parmi les plus énigmatiques de notre ciel.

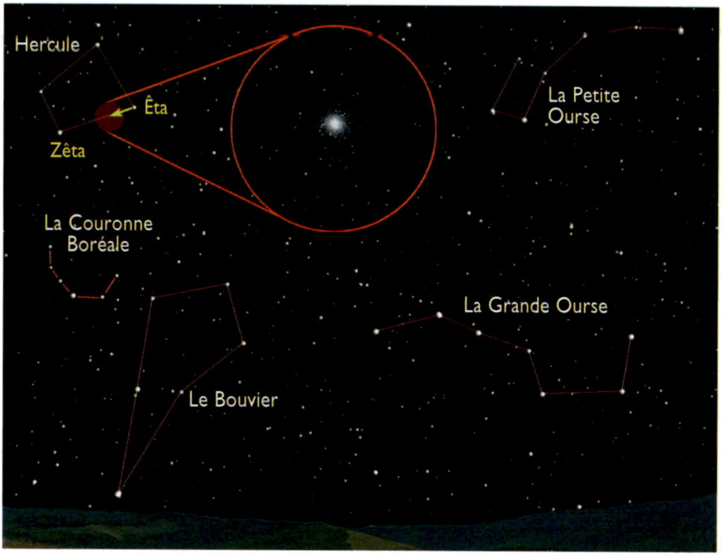

▲ *M13 se trouve entre les étoiles Êta et Zêta de la constellation d'Hercule.*

Période favorable pour l'observation

M13 est observable dès le mois de mars et jusqu'en novembre, grâce à sa position très haut dans le ciel pendant tout l'été. Son observation est alors d'un rare confort puisque l'on évite l'épaisse couche d'atmosphère qui gêne les observations d'objets trop proches de l'horizon.

Comment le trouver ?

Il est situé au tiers de la distance entre η (Êta) et ζ (Zêta) de la constellation d'Hercule. Le plus simple est donc de partir d'Êta et de descendre en déclinaison. L'amas est impossible à manquer, à 2° de l'étoile.

Que voit-on ?

Dans un ciel de campagne, un premier coup d'œil aux jumelles suffit à pressentir un objet remarquable. En effet, on distingue déjà sans ambiguïté cet objet qui se différencie d'une étoile par son aspect floconneux. La première vision au télescope montre une

tache floue, comme une étoile qui serait mystérieusement entourée d'une brume épaisse. Une observation un peu plus attentive dans un instrument de 100 mm au moins permet de distinguer quelques étoiles. On comprend alors que M13 n'est constitué que d'étoiles et que seule leur densité permet de le voir. Individuellement, chaque étoile serait bien trop peu lumineuse pour être perçue.
Dans un instrument de 250 à 300 mm de diamètre, un grossissement de 40 fois à peine donne une image à couper le souffle. Le centre devient incroyablement piqué d'étoiles et celles du pourtour semblent s'éparpiller dans l'espace environnant.

La galaxie d'Andromède (M31)

Andromède est l'objet le plus lointain visible à l'œil nu. Il faut toutefois un ciel exempt de pollution lumineuse pour la distinguer sans instrument. Composée de 100 à 200 milliards d'étoiles, la galaxie d'Andromède est notre plus proche voisine, située (seulement !) à 2,5 millions d'années-lumière. En comparaison, mettez-vous dans la peau d'une fourmi, dans un arbre (notre galaxie), en train de regarder un autre arbre (la galaxie d'Andromède) situé à 100 ou 200 mètres. Entre les deux, rien ; la majorité de votre champ de vision est envahi par des milliers de feuilles autour de vous (les étoiles de notre galaxie). Pourtant, entre deux branches, vous apercevez cet autre arbre et vous vous dites que votre arbre, vu de l'extérieur, doit être similaire.

Période favorable pour l'observation

La période de septembre à février est la plus indiquée pour observer M31 qui est alors très haut dans le ciel.

Comment la trouver ?

Cherchez le W caractéristique de Cassiopée. En bas à droite de cette constellation se trouve le grand carré de la constellation de Pégase. En partant du coin supérieur gauche de ce carré, cherchez les étoiles qui, partant vers la gauche, forment une sorte de manche, comme si Pégase était une gigan-

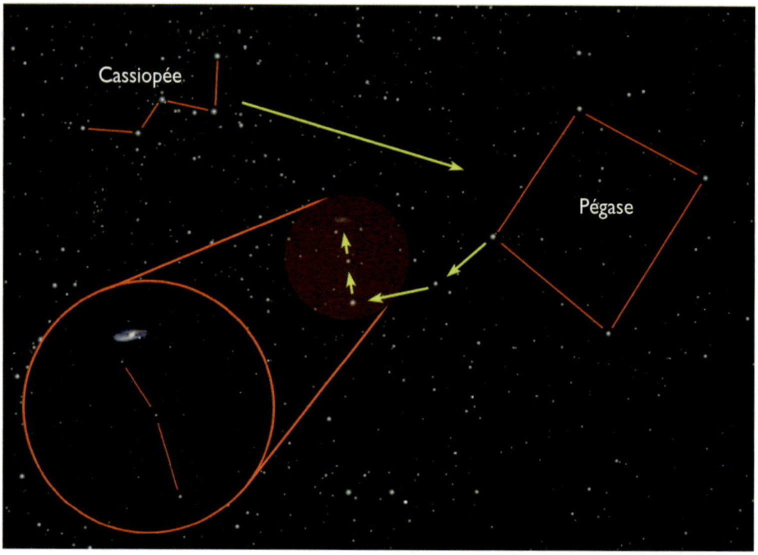

▲ *Repérez Cassiopée puis Pégase pour trouver la galaxie d'Andromède.*

tesque Grande Ourse. Vous êtes dans la constellation d'Andromède. À la deuxième étoile, bifurquez vers le haut et repérez la tache floue située environ 10° au-dessus : vous découvrez M31.

Que voit-on ?

La galaxie d'Andromède est un régal pour les yeux, à condition de prendre conscience de la distance qui nous en sépare. 1 000 fois plus éloignée que l'amas d'Hercule, précédemment décrit, et pourtant plus étendue dans le ciel, elle est aussi lumineuse. Mais si l'on oublie sa distance, on peut être déçu : on ne distingue évidemment aucune étoile individuellement et on doit se contenter d'un joli fuseau nébuleux.

Des jumelles bien lumineuses (10 x 50 par exemple) en donnent une image contrastée, où la galaxie se détache nettement du reste du ciel. En observant au 114/900, l'amateur, s'attendant à améliorer l'observation déjà faite aux jumelles, est souvent frustré. Mais même en utilisant un oculaire de 40 mm, fut-il à grand champ, on obtiendra un grossissement trop important pour embrasser l'ensemble de la galaxie. Plus on utilise un grossissement élevé, plus le champ de vision se réduit, la partie visible se limitant alors au noyau central. Le manque de recul sur l'ensemble ne permet plus d'apprécier le contraste entre cet objet très étendu et le fond de ciel. On a pourtant l'impression de voir M31 en entier, mais la partie extérieure est en fait simplement plus pâle que le centre.

Quel que soit le grossissement, cette impression persiste puisqu'au fur et à mesure de l'augmentation du grossissement, la lumière s'estompe. Malgré tout, la galaxie d'Andromède, avec un diamètre apparent qui équivaut à presque 10 fois celui de la Pleine Lune, reste une observation de choix, à apprécier à de très faibles grossissements.

La nébuleuse de l'Haltère ou Dumbell (M27)

M27 est une nébuleuse planétaire. On nomme ainsi un nuage de gaz formant une sorte de bulle autour d'une étoile qui, arrivée à un stade de sa vie où elle est instable, a éjecté cette matière. Située à un peu moins de 1 000 années-lumière, son diamètre n'est que de 2,5 années-lumière.

Période favorable pour l'observation

On peut observer Dumbell tout l'été, et même jusqu'en novembre, puisqu'elle se situe entre Deneb, Vega et Altaïr, qui elles-mêmes dominent le ciel durant cette période.

Comment la trouver ?

M27 est un objet facile à repérer avec une monture équatoriale. Il suffit de trouver l'étoile Gamma (γ) de la Flèche, puis de monter en déclinaison vers l'étoile polaire.

La Flèche se repère juste au-dessus d'Altaïr, non loin de la constellation du Dauphin. En partant de Gamma de la Flèche, donc, déplacez-vous en déclinaison vers l'étoile polaire d'environ 3,5°. Une tache floue ne tardera pas à se montrer.

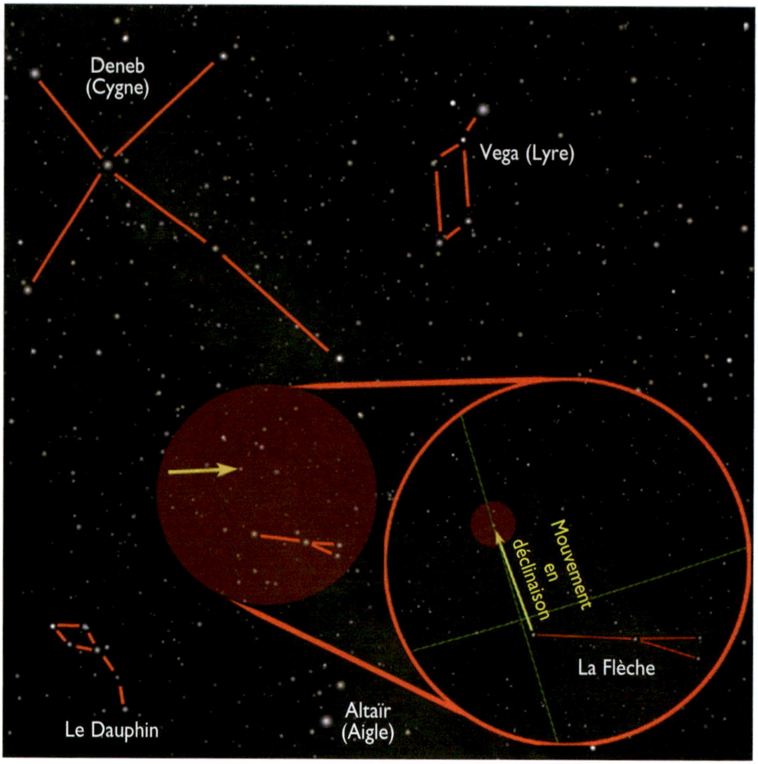

▲ *M27, située dans le « Triangle d'été » formé par Vega, Deneb et Altaïr, se repère en partant de la constellation de la Flèche.*

Que voit-on ?

Comme son nom l'indique (*dumbell* signifie haltère en anglais), on reconnaît M27 à sa forme allongée, resserrée en son milieu. N'attendez pas un objet très grand : tout au plus 1/5e du diamètre de la Pleine Lune, ce qui permet toutefois de la repérer dans de grosses jumelles (11 x 80 au moins). On ne distingue aucune couleur. À partir de 200 mm de diamètre, un instrument permet de voir l'étoile centrale génératrice de cette bulle de gaz.

La nébuleuse de la Lyre (M57)

Malgré sa petite taille apparente, M57 a la réputation d'être un bel objet. Ce succès est sans doute dû au contraste confortable qu'elle offre. Il ne s'agit pourtant que d'un anneau de gaz de 0,5 année-lumière de diamètre seulement, situé à quelques 2 000 années-lumière de nous. Cette nébuleuse planétaire est le résultat de l'explosion d'une étoile, il y a 20 000 ans.

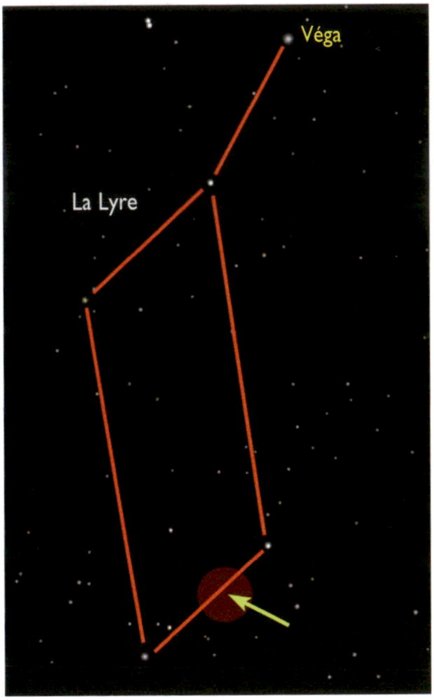

▲ *La nébuleuse de la Lyre se trouve entre les deux étoiles du bas de la constellation du même nom.*

Période favorable pour l'observation

Voici encore un objet confortable à observer : sa visibilité est optimale de juin à novembre. C'est une période suffisante pour avoir le temps de bien en profiter.

Comment la trouver ?

Située dans la constellation de la Lyre, on la repère telle une étoile floue située entre les deux étoiles formant la base du trapèze dessinant la Lyre. Avec un chercheur bien lumineux, on peut la repérer facilement en pointant l'étoile la plus proche, celle de l'angle inférieur droit du trapèze de la Lyre (si l'on place Véga en haut).

Que voit-on ?

Avec un grossissement de 100 fois, M57 apparaît comme un joli rond de fumée, bien contrasté au milieu d'un ciel bien noir. Un télescope de 300 mm de diamètre vous permettra de distinguer l'étoile centrale, devenue une naine blanche (un astre extrêmement dense) lors de son explosion. N'hésitez pas à grossir cet objet dont le diamètre apparent ne dépasse guère celui de Jupiter, c'est-à-dire un cinquantième de la largeur de la Lune.

Les Pléiades (M45)

C'est sans doute le plus bel amas d'étoiles du ciel. Il est visible à l'œil nu et un observateur attentif y comptera cinq à six étoiles. L'amas en compte en fait 500 environ. Toutes ces étoiles se sont formées dans le même nuage de gaz, situé à 400 années-lumière de nous. Ces multiples naissances d'étoiles sont très récentes : quelques centaines de millions d'années tout au plus, dans un nuage de gaz formé il y a quelque 40 millions d'années.

Période favorable pour l'observation

Situé dans la constellation du Taureau, l'amas des Pléiades est visible dans de bonnes conditions d'octobre à mars.

Comment la trouver ?

En partant de la constellation d'Orion, allez vers le Taureau. Dépassez-le. Les Pléiades sont juste là, sur le dos du Taureau. Vos yeux, sans instrument, suffisent à repérer l'amas.

Que voit-on ?

C'est dans une paire de jumelles que les Pléiades sont les plus belles. En effet, leur beauté est mise en valeur par le contraste avec le fond noir du

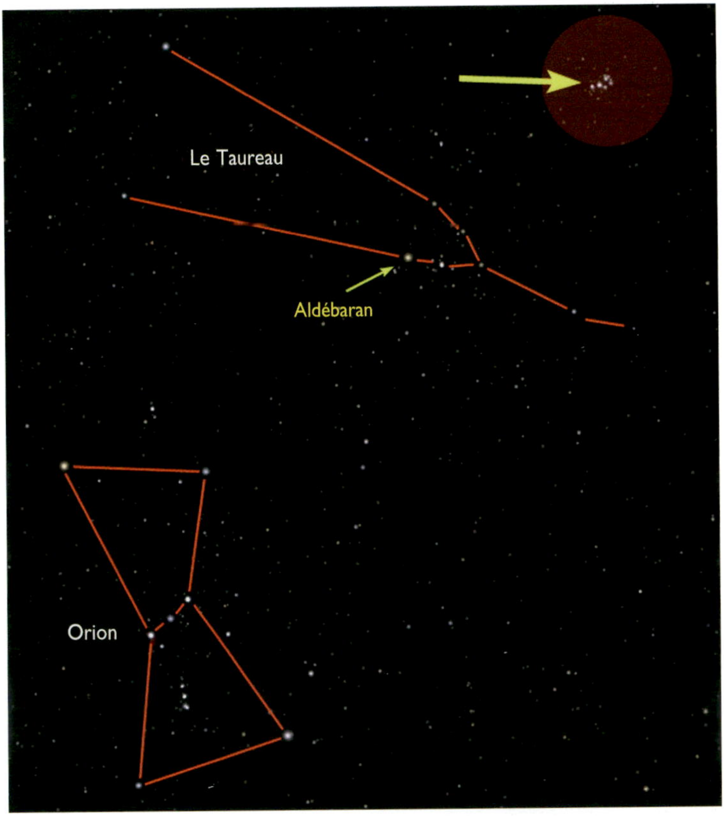

▲ *Les Pléiades sont situées dans le Taureau, comme posées sur son dos.*

ciel. Si vous les observez au télescope, choisissez un très faible grossissement, afin de voir la totalité de l'amas. Sous un bon ciel, équipé d'un télescope d'au moins 200 à 250 mm de diamètre, vous pouvez distinguer un halo brumeux entourant les étoiles les plus brillantes. Il s'agit des restes des gaz attirés par l'étoile et qui bientôt participeront à sa combustion.

▶ *Vu aux jumelles.*

Le double amas « Chi (χ) et Éta (η) » de Persée

Ces deux amas d'étoiles très esthétiques sont situés à environ 8 000 années-lumière de nous. D'un diamètre de 100 années-lumière, ils sont tous deux constitués principalement d'étoiles massives jeunes, caractérisées par une belle couleur bleue.

Période favorable pour l'observation

Situé dans la zone circumpolaire, c'est-à-dire assez près du pôle nord céleste pour ne jamais se coucher, le double amas de Persée est observable toute l'année. On évite toutefois de l'observer au printemps, où sa proximité avec l'horizon nuit à son éclatante beauté. L'automne est le moment idéal pour profiter du contraste entre l'objet et le fond de ciel.

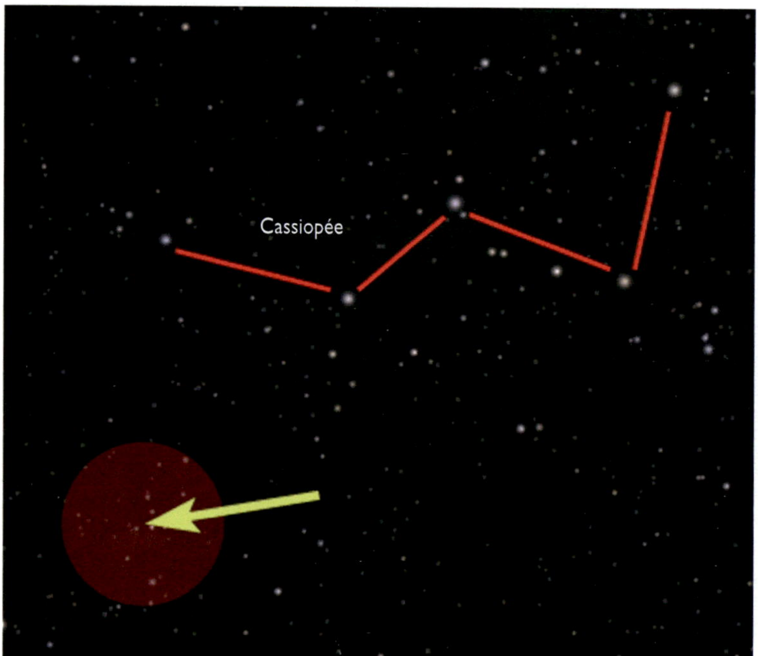

▲ *Le double amas de Persée est très proche du W de Cassiopée.*

Comment le trouver ?

Repérable facilement à 7° en bas à gauche du W de Cassiopée, le double amas se remarque comme une vague zone floue. Une simple paire de jumelles permet de dissiper le moindre doute sur la nature stellaire de cet objet.

Que voit-on ?

▲ *Vu aux jumelles.*

Une fois encore, nul besoin de grossir trop pour profiter du spectacle mais un grand champ est nécessaire et, à ce titre, les jumelles sont tout indiquées. Une paire de 7 x 50 permet d'admirer quelques dizaines d'étoiles brillantes. Dans un télescope ou une lunette, le plus faible grossissement est de mise. On découvre alors une bonne centaine d'étoiles. À partir de 200 mm, un télescope permet de distinguer un halo autour des étoiles les plus lumineuses : il s'agit de gaz qui ne sont pas encore consommés par l'étoile, preuve s'il en faut que ces étoiles sont toutes jeunes, puisqu'elles n'ont pas encore fait place nette autour d'elles.

La galaxie des Chiens de chasse (M51)

Cette, ou plutôt ces galaxies sont d'un intérêt pédagogique majeur : la plus grosse des deux aspire littéralement la seconde, créant un pont d'étoiles entre les deux. L'ensemble se situe à environ 25 milliards d'années-lumière.

Période favorable pour l'observation

Culminant en été, la période la plus propice pour l'observation de M51 s'étale de mars à septembre. Le reste du temps, la galaxie est trop basse pour pouvoir en profiter, même si elle reste toujours au-dessus de l'horizon.

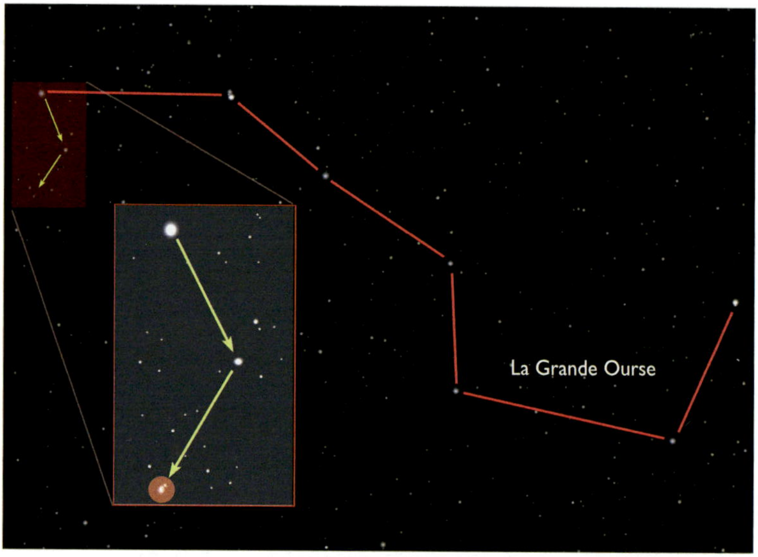

▲ *Entre le bout de la Grande Ourse et M51, une petite étoile est judicieusement placée pour aider au pointage.*

Comment la trouver ?

M51 forme, avec les deux dernières étoiles de la queue de la Grande Ourse, un triangle rectangle rappelant une équerre d'écolier. La dernière étoile de la queue de la Grande Ourse représente alors l'angle droit et la plus grande longueur de l'équerre (l'hypoténuse) joint l'autre étoile à M51. Une fois dans le bon secteur, il faut chercher un regroupement de trois étoiles de luminosité quasi identique, à proximité desquelles brille un quatrième compagnon, de luminosité plus faible. Avec de l'attention, on devine que ce quatrième membre, initialement pris pour une étoile double (on distingue deux composantes), est en fait le couple de galaxies M51. Le flou entourant l'astre ne laisse alors plus aucun doute sur la nature galactique de l'objet.

Que voit-on ?

Nous montrant sa face, M51 est l'une des plus belles galaxies qu'il nous soit donné de voir. Pourtant, son aspect reste décevant si on l'a déjà vue en photo. Seul un grand diamètre (200 mm au moins) montre la liaison entre les deux composantes. Toutefois, la qualité et la stabilité de l'atmosphère jouent un rôle prépondérant dans les résultats obtenus, plus encore, peut-être, que le diamètre de l'instrument.

Les galaxies M81 et M82, dans la Grande Ourse

Situées respectivement à 8 et 11 millions d'années-lumière de nous, ces deux galaxies sont très observées en raison de leur position dans le ciel qui permet de les voir longtemps dans l'année.

Période favorable pour l'observation

Situées au-dessus de la Grande Ourse, M81 et M82 s'observent toute l'année, puisqu'elles ne descendent jamais à moins de 25° au-dessus de l'horizon. On doit bien sûr éviter les périodes où la Lune est dans le ciel, comme pour tous les autres objets du ciel profond.

Comment la trouver ?

En partant des deux étoiles qui forment le bout de la casserole, on monte vers l'étoile polaire. À un quart de la distance entre le coin de la casserole et cette étoile, légèrement sur le côté, se trouve l'étoile Lambda (λ) du Dragon. De là, on avance en ascension droite dans le sens de rotation du ciel et, 8° plus loin, on trouve le couple M81 et M82.

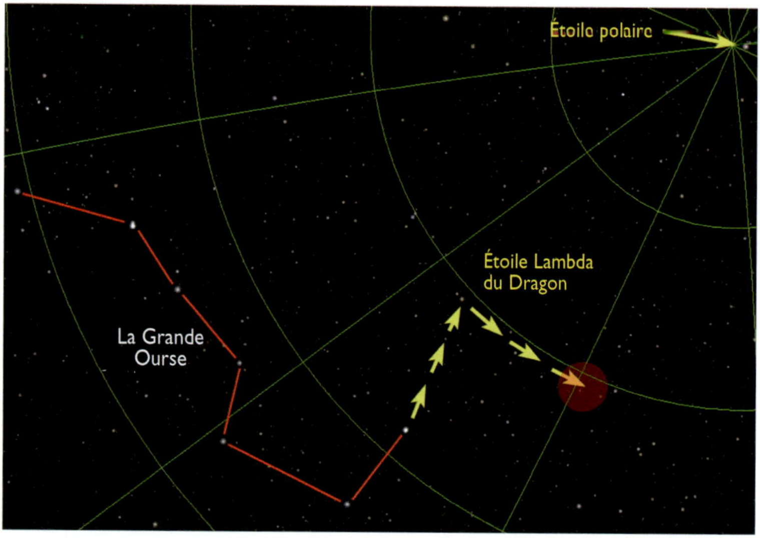

▲ *À partir de Lambda du Dragon, on trouve facilement M81 et M82 en appliquant un mouvement en ascension droite.*

Que voit-on ?

Comme souvent pour les galaxies, l'image n'est ni très précise, ni très lumineuse. Tout au plus voit-on deux formes floues que l'on peut facilement confondre avec une étoile. En y regardant mieux, on constate que M81 est vue de face, tandis que M82 montre son profil, trahi par une forme de cigare. Si l'observation est possible dans un instrument de 114 mm de diamètre, 200 mm semblent nécessaires pour deviner la structure en spirale de M81.

Chapitre 6

Aborder l'astrophotographie

Vous pouvez être astronome amateur ou photographe amateur, vous ne serez pas pour autant astrophotographe. Cette discipline nécessite de maîtriser le matériel d'astronomie et le matériel photo.

La difficulté résulte de plusieurs contraintes qui diffèrent selon le type d'objet que l'on photographie.

Pour la photo planétaire, le grossissement doit être suffisamment important pour montrer des détails. Ce grossissement génère une perte de luminosité qui oblige à des temps de pose longs. Parallèlement, les forts grossissements contribuent à mettre en évidence la turbulence atmosphérique, qui empêche souvent à l'image d'être stable plus d'une seconde. Le paradoxe est donc de taille : il faut grossir assez pour voir des détails, mais garder le plus de luminosité possible pour pouvoir utiliser un temps de pose court et ne pas laisser le temps à une turbulence de déformer l'image.

Pour le ciel profond, la problématique est d'assurer un suivi irréprochable pendant les quelques dizaines de secondes, voire dizaines de minutes, nécessaires à l'acquisition d'une image. En effet, sans un suivi précis, les étoiles se décalent petit à petit, créant sur la photo un flou caractérisé par un allongement des étoiles, voire des traînées, disgracieuses quand elles ne sont pas souhaitées.

Je me contenterai ici de vous donner des conseils basiques, qui vous permettront de faire vos premières photos.

Le matériel nécessaire

Quel matériel choisir ? Grande question à laquelle il n'y a pas une, mais plusieurs réponses.

Premier constat : l'apparition puis l'évolution de la photo numérique a transformé l'astrophotographie. Avec la photo argentique (c'est-à-dire avec une pellicule), il fallait se résoudre à exposer un film entier avant de se rendre compte, au développement, que la mise au point n'était pas bonne, que le sujet était surexposé ou sous-exposé, que le suivi était mauvais, etc. De plus, une pellicule perd beaucoup de sa sensibilité lorsqu'il s'agit de capturer une lumière très faible. Les poses de plusieurs dizaines de secondes, voire plusieurs minutes ou dizaines de minutes sont alors courantes... Avec le numérique, la sensibilité du capteur est telle que l'image se forme beaucoup plus vite, permettant des poses plus courtes. Qui plus est, elle est tout de suite visible sur l'écran de contrôle de l'appareil photo, permettant un nombre d'essais largement plus confortable. Vous comprendrez donc le choix de ne parler ici que de prises de vue numériques.

Pour l'astrophotographie en numérique, on peut utiliser trois types d'appareils : l'appareil à objectif fixe (compact ou bridge), le reflex numérique et les capteurs de type Webcam ou CCD.

▲ *Pour l'astrophotographie, on peut utiliser un appareil photo, une Webcam ou un capteur CCD conçu pour l'astronomie.*

Les compacts et les bridges

Compacts ou bridges, il est impératif que ces appareils à objectif fixe répondent à des critères précis pour une utilisation en astronomie : ils doivent disposer d'un mode manuel permettant de choisir le temps de pose et allant au moins jusqu'à 10 ou 15 s, voire jusqu'à la pose B, qui permet de choisir sans limite le temps de pose. De telles durées permettent en effet de réaliser des clichés du ciel profond. Ils doivent aussi être pourvus d'un déclencheur à distance, ou au pire d'un retardateur (voir l'encadré à ce sujet page 89). Enfin, ils doivent permettre une fixation efficace sur l'instrument d'astronomie. Ce dernier point est le plus difficile à juger à l'achat : aucune marque d'appareil photo n'a prévu de bague permettant l'adaptation simple et rapide d'un appareil photo sur un instrument astronomique. Il faut donc souvent bricoler un système adapté à l'appareil photo. Une solution toute faite est proposée par quelques enseignes de matériel astronomique (sur Internet principalement) : il s'agit d'un support, solidaire de l'instrument d'observation, qui permet la fixation d'un appareil photo.

Une fois l'appareil installé, il reste à trouver les bons réglages pour la prise de vue. Si vous laissez l'appareil en mode automatique, peu de photos seront réussies. La maîtrise de la photo sera alors un atout précieux. Réglez donc manuellement votre vitesse d'obturation, afin d'obtenir les nuances de couleur et de contraste désirées des objets photographiés. Allez-y de façon méthodique, par approximations successives, et en fonction du sujet. Les temps de pose peuvent aller de 1/500e de seconde à plusieurs minutes. Quant à la sensibilité ISO, le plus simple pour commencer est de l'augmenter au maximum. Avec l'expérience, on gagnera à la diminuer, mais les temps de pose seront alors plus longs et donc plus difficiles à gérer.

On me demande souvent quel appareil je conseille pour pratiquer correctement l'astrophotographie. Les modèles se suivent à une telle vitesse qu'il est bien difficile d'en suivre l'évolution. Cependant, la gamme Powershot chez Canon ainsi que les Coolpix Nikon, si l'on écarte les entrées de gamme de chaque marque, sont réputés pour leur capacité d'adaptation aux différents types de photos, y compris les prises de vue dites techniques. Toutefois, ne focalisez pas sur ces deux gammes, d'autres modèles et d'autres marques donnent sans doute d'aussi bons résultats.

Si vous devez demander conseil pour acheter un appareil photo en vue de faire de la photo astronomique, les questions à poser sont différentes des questions classiques :

- Peut-on régler manuellement le temps de pose ? La pose B est-elle présente ?
- Y a-t-il un retardateur ?
- Quelle est la sensibilité ISO maximale ? (Plus elle est grande, mieux c'est.)

- Un filetage est-il prévu pour installer des compléments optiques ? (Dans ce cas, on pourra tenter un bricolage pour adapter l'appareil photo au télescope *via* ce filetage.)

Quant au grossissement optique ou numérique, au nombre de pixels et autres arguments commerciaux, ils ont la même incidence en astrophoto que pour un usage classique.

En tout cas, très rares sont les photographes (si vous en connaissez, n'hésitez pas à me communiquer leurs coordonnées !) capables de cerner d'emblée vos contraintes lorsque vous précisez : « C'est pour de la photo astronomique. » Mieux vaut donc se fier à la liste ci-dessus.

Les reflex numériques

Pour faire simple, nous définirons ici les reflex comme des appareils à objectifs interchangeables (les puristes me pardonneront ce raccourci destiné à simplifier les choses).

Le monde des reflex numériques est bien différent de celui des compacts et des bridges : les réglages manuels y sont généralement présents (même si cela risque de changer avec la démocratisation des boîtiers reflex), la possibilité de déclencher à retardement est systématique et les déclencheurs souples ou télécommandes sont couramment proposés en option.

Reste l'adaptation physique du boîtier sur le télescope. Là aussi, les choses sont plus simples, puisque le matériel permettant de fixer l'appareil photo au télescope existe déjà.

En effet, leur objectif étant amovible, on peut le remplacer par une bague dite T2, propre à chaque marque d'appareil photo. Cette bague transforme la baïonnette de votre appareil photo en filetage de 42 mm de diamètre, ce qui constitue un standard en photo. Les fabricants de matériel d'astronomie proposent par ailleurs un adaptateur permettant de passer du coulant de 31,75 mm (le diamètre d'un oculaire) à ce standard de 42 mm vissant. Il est ainsi possible de fixer facilement l'appareil photo au bout de l'instrument d'astronomie.

Les seules vérifications à faire sont les suivantes : votre boîtier reflex doit permettre la prise de vue sans objectif (certains modèles refusent de déclencher s'ils ne détectent pas d'objectif) et il doit avoir un mode manuel, ce qui est le cas de la grande majorité des reflex, sinon tous.

Il est encore une fois difficile de citer un modèle ou une marque. Toutefois,

▲ *La bague T2, propre à la marque d'appareil photo, fait la transition avec l'adaptateur photo pour télescope.*

L'importance du déclencheur

La moindre vibration du télescope est néfaste à la photo. La simple pression du doigt sur le déclencheur génère souvent un mouvement qui, même s'il est insignifiant, se traduit par une image floue. Pour s'affranchir de ce mouvement, une solution simple existe: le retardateur. Avec lui, les dix secondes de délai entre la pression du bouton et le moment où la photo est prise donnent le temps à l'ensemble de se stabiliser. On peut aussi s'en sortir grâce au déclencheur à distance (par télécommande ou câble souple), qui évite à l'utilisateur de toucher à l'appareil. Pour les appareils photos reflex, le mouvement du miroir interne génère aussi des vibrations indésirables. Certains reflex sont pourvus de la possibilité d'ouvrir le miroir quelques secondes avant la prise effective de la photo. C'est là un moyen efficace de lutter contre ce handicap, puisque ces quelques secondes suffisent à stabiliser l'instrument.

des tests effectués en 2005 ont mis en évidence la supériorité des capteurs Canon (modèles 300D, 350D, 10D, 20D), suivis par Nikon (D50 et D70). L'évolution technique étant ce qu'elle est, la tendance peut s'inverser en peu de temps. Canon et Nikon ont cependant de bonnes chances de rester dans le peloton de tête quelques années encore.

Les capteurs numériques

L'une des caractéristiques de la photo astronomique est que l'on peut la pratiquer assez facilement à proximité d'un ordinateur. Dès lors, le boîtier photo n'est plus indispensable : un simple capteur numérique adapté au télescope permet de capturer des images directement sur l'ordinateur.

Cette technique était au départ réservée aux amateurs fortunés, les premiers prix de caméras CCD (c'est le nom que l'on donne à ces capteurs adaptés à l'astronomie) étant, il y a quelques années encore, vendus aux alentours de 600 €. Puis quelques bricoleurs futés ont adapté à leur instrument une Webcam, directement reliée à l'oculaire, après l'avoir allégée de son objectif. Dès lors est née une nouvelle ère pour l'astrophotographie : si vous bricolez un peu, la modification est assez simple et vous trouverez des dizaines de sites Internet (voir

▲ *Le capteur acquiert des images et les envoie sur l'ordinateur, où elles sont compositées automatiquement pour affiner les détails.*

▲ *Photo réalisée avec un télescope de 20 cm de diamètre et une Webcam. En argentique, il aurait fallu un télescope d'1 m de diamètre pour obtenir le même résultat.*

Annexes pages 98-99) expliquant la marche à suivre. Il existe aussi de petits instruments dédiés à la capture d'image *via* un télescope, comme le LPI (*Lunar and Planetary Imager*) proposé par Meade, premier à s'être lancé dans la production en série de ce type de matériel.

Les images acquises avec cette méthode étant affectées par la chaleur dégagée par le capteur, les poses doivent être courtes sous peine de voir s'accumuler du bruit (les parasites visibles sur l'image) sur la photo. Certains modèles plus évolués disposent d'un système de refroidissement limitant ce défaut. On peut alors réaliser des poses plus longues et avoir ainsi accès au ciel profond.

L'un des atouts de ce type de capteur est la facilité avec laquelle on peut faire une séquence filmée, d'une planète par exemple, puis d'en extraire les meilleures images et enfin de les « empiler » à l'aide d'un logiciel adapté, afin d'améliorer la résolution finale. Les résultats sont tels que la qualité des meilleures photos prises avec les grands télescopes d'observatoires il y a quinze ans à peine sont parfois aujourd'hui dépassées par celle d'images réalisées par de simples amateurs.

Choisir la technique selon le sujet

Selon l'astre à photographier, vous n'avez pas besoin du même grossissement et la façon d'agencer l'appareil photo derrière l'instrument varie. Voici tous les montages optiques que vous offre un appareil photo, avec ou sans télescope, selon le type de photo recherchée. Nous irons des plus faciles aux plus sophistiquées.

La photo sans suivi

Pour cette technique, pas besoin de télescope : il vous suffira d'un appareil photo numérique et d'un trépied ! L'appareil doit toutefois permettre des poses de quinze à trente secondes. Choisissez une focale très courte (un objectif de 20 mm par exemple) et posez une trentaine de secondes en ouvrant le diaphragme au maximum, si votre boîtier vous donne accès à ce réglage. Vous aurez ainsi la possibilité de photographier de grandes portions de ciel ; la faible focale associée à une pose relativement courte permettra de ne pas percevoir le filé des étoiles. Le résultat est surprenant. Toutefois, cette technique est réservée au numérique. En effet, une pelli-

cule photo, si sensible qu'elle soit, ne donnera aucun résultat à moins de cinq minutes de pose. Durant ce temps, le ciel aura déjà tourné, et les étoiles « baveront » déjà, montrant un début de trace.
Cette trace, justement, montre le mouvement apparent du ciel. On peut facilement la prendre en photo, mais il faudra, pour un résultat esthétique, poser plus d'un quart d'heure. Cela nécessite donc la pose B (pose longue à durée illimitée). Installez sur un trépied bien stable votre appareil photo avec un objectif photo de la plus petite focale possible. Vous augmenterez ainsi le champ de vision.

▲ *Une photo accessible à chacun...*

▲ *Plus le temps de pose est long, plus les traces sont longues. Cette photo montre le résultat d'une heure de pose.*

Avec un appareil argentique, ouvrez votre diaphragme en grand et choisissez une sensibilité de l'ordre de 400 ISO. S'il s'agit d'un numérique, fermez le diaphragme au maximum pour ne pas surexposer la photo et réglez la sensibilité au départ à 400 ISO. Démarrez alors une pose de plusieurs dizaines de minutes (en fait, la plus longue possible).

Vous venez de mettre en évidence la rotation de la Terre, sous forme d'arcs de cercles concentriques du plus bel effet. Vous pouvez essayer plusieurs focales pour des résultats différents, mais sachez que les focales inférieures à 50 mm vous donneront les plus beaux résultats.

La photo en parallèle

Si vous avez un télescope motorisé et un appareil photo reflex, un bon entraînement à la photo astronomique consiste à fixer votre appareil photo sur le tube du télescope, après l'avoir équipé d'un téléobjectif de 100 à 300 mm de focale. Notez que le télescope est utilisé ici pour le suivi que permet sa monture. La photo n'est pas prise à travers l'optique du télescope. En visant une nébuleuse, un amas, une galaxie ou tout autre objet

suffisamment étendu pour être visible avec de faibles grossissements, vous pourrez faire une pose longue de plusieurs minutes (commencez par une minute, puis deux, trois, ou plus), diaphragme grand ouvert. L'ensemble étant entraîné par la monture motorisée du télescope, on évite ainsi que les étoiles soient reproduites sous forme d'arcs de cercle.
L'oculaire, où votre œil restera rivé, vous indique à fort grossissement si votre cible se décentre. Le moindre écart de trajectoire, source de flou sur la photo, peut ainsi être corrigé à l'aide de la raquette, avant qu'il ne soit visible sur le cliché. Pour bien profiter de cette méthode, vous devez disposer d'un objectif de la plus grande ouverture possible : un diaphragme ouvert à 4, voire un plus petit chiffre, synonyme de grande luminosité, est appréciable.

Ouverture et diaphragme

Là où l'on parle d'ouverture en astronomie, on utilise souvent le terme de diaphragme en photo. En effet, si l'instrument astro a une ouverture constante (obtenue en divisant la focale par le diamètre), l'objectif photo permet d'ajuster cette ouverture en agissant sur un mécanisme appelé diaphragme. Ainsi, un diaphragme ouvert à 5,6, par exemple, sera 2 fois moins lumineux qu'un diaphragme ouvert à 4. Pour récolter un maximum de lumière, on choisit donc le diaphragme le plus ouvert, c'est-à-dire le plus petit chiffre.

▲ *L'appareil photo, solidaire du tube, suit ses mouvements.*

La photo au foyer

Avec cette technique, les choses se compliquent : plutôt qu'un téléobjectif de 300 mm, c'est le tube de votre instrument qui fait office d'objectif. Un télescope 114/900, par exemple, devient ainsi un super téléobjectif de 900 mm de focale.

Si vous utilisez régulièrement différents objectifs, vous avez pu remarquer que plus on augmente la focale, plus la stabilité est précaire. Quand on augmente cette focale jusqu'à 900, par exemple, et que l'on photographie un sujet aussi sombre que l'est le ciel nocturne, on imagine aisément la difficulté de la tâche. Autant dire que la moindre vibration sera fatale, provoquant un bougé sur la photo. Il faudra toutefois faire durer la pose suffisamment longtemps pour récolter assez de lumière. Cette méthode est intéressante pour la Lune qui, à de telles focales, est souvent vue entière. Il faut en effet une focale de plus de 1 500 mm pour que notre satellite ne tienne plus dans le cadre d'une photo prise avec un appareil courant. Sa luminosité importante autorise en outre des poses de quelques dixièmes de seconde seulement, ce qui permet d'éviter le bougé tant redouté.

La mise en œuvre de cette technique nécessite un appareil reflex à objectifs interchangeables et un déclencheur souple ou à défaut un retardateur, compte tenu du risque de vibrations. Il faut également prévoir une bague T2 adaptée à l'appareil, ainsi qu'un adaptateur photo afin de procéder au

▲ *L'instrument se transforme en un objectif photo.*

montage suivant : appareil photo sans objectif + bague T2 + adaptateur photo, ce dernier étant fixé au porte-oculaire de l'instrument.
Pour des raisons mécaniques dont l'explication sort du cadre de cet ouvrage, les télescopes de Newton ne permettent généralement pas ce type de montage. Il existe toutefois une parade avec la méthode suivante.

La photo par projection oculaire

Ici, on utilise le même montage que précédemment, à ceci près que l'on insère un oculaire dans l'adaptateur photo, ce qui a pour effet d'augmenter la taille du sujet sur la photo. C'est la meilleure méthode pour immortaliser les planètes ou les détails lunaires si vous n'optez pas pour l'acquisition directe par ordinateur.
Pour calculer la focale résultante en fonction de l'oculaire, il faut utiliser la formule suivante :

$$[(t/f) - 1] \times F,$$

où t est le tirage (distance de l'oculaire au capteur ou à la pellicule) ; f est la focale de l'oculaire ; F est la focale de l'instrument.
Ainsi, avec un 114/900, un oculaire de 10 mm et un tirage de 50 mm, on développe une focale résultante de [(50/10) - 1] x 900 = 3 600 mm. Un tel grandissement permet de commencer à photographier les planètes. Mais

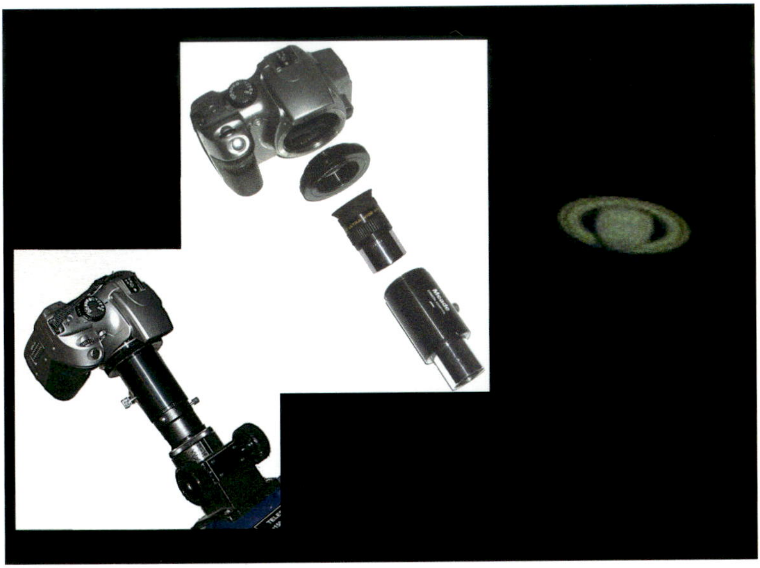

▲ *L'interposition de l'oculaire permet d'accéder à de plus forts grossissements.*

attention, si on augmente la focale, le diamètre, lui, ne change pas. L'ouverture devient alors 3 600/114, soit F/D = 32 ! Une ouverture bien faible pour pratiquer la photo. Il faudra la compenser par un temps de pose plus long, malgré l'instabilité d'une image obtenue derrière 3 600 mm de focale.

Cette technique, utilisée avec un oculaire de 25 mm et un tirage de 50 mm, donne (50/25) – 1 = 1. On peut en conclure que cela revient à fixer l'appareil directement sur le tube, sans oculaire, comme pour la photo au foyer. Un bon truc à savoir quand on a un Newton (voir la partie précédente sur la photo au foyer).

Quelle monture pour une longue pose ?

Que ce soit une photo en parallèle, au foyer, ou par projection oculaire, une pose de plusieurs minutes nécessite l'utilisation d'une monture équatoriale. Si vous tentez une telle photo avec une monture azimutale, fut-elle équipée en GOTO, l'image finale donnera l'impression de tourner sur elle-même, provoquant un curieux flou circulaire. On appelle ce phénomène la rotation de champ. Si l'explication précise de cette rotation dépasse le cadre de cet ouvrage d'initiation, un simple essai grandeur nature vous permettra de le comprendre facilement, en comparant les mouvements de l'appareil photo sur une monture azimutale et sur une monture équatoriale.

Annexes

Livres et magazines

Voici quelques références de livres pour aller plus loin dans votre découverte de l'astronomie. Certains titres étant malheureusement épuisés, vous devrez les consulter en bibliothèque.

Pour tout savoir sur l'optique instrumentale, l'excellent *Lunettes et télescopes*, de André Danjon et André Couder, aux éditions Albert Blanchard, fait référence. Bien qu'écrit en 1935, cet ouvrage maintes fois réédité vous dira tout sur la théorie, les conditions d'emploi et les réglages optiques des lunettes et des télescopes. Nul ouvrage n'est plus précis à ce sujet. Seul bémol : ce pavé de 700 pages parle plus des instruments de plusieurs dizaines de centimètres de diamètre que de ceux, plus à notre portée, de quelques centimètres de diamètre... À réserver aux inconditionnels de la théorie et aux amoureux de calculs précis.

Pour approfondir ses connaissances sur l'univers, du Système Solaire aux galaxies lointaines, le meilleur choix pour débuter est sans doute le très complet *Grand livre du ciel*, réalisé sous la direction de Philippe de La Cotardière, édité chez Larousse. Cette encyclopédie traite les choses simplement, mais d'une façon suffisamment détaillée.

Pour comprendre l'Univers, *Astronomie et astrophysique* s'impose. Ce véritable manuel de cours, écrit par Marc Séguin et Benoît Villeneuve, est édité chez Masson.

Pour observer la Lune, *Le Guide de La Lune*, de Karine et Jean-Marc Lecleire, aux éditions Lecleire, est parfait pour débuter.

Pour découvrir le ciel profond, les éditions Burillier proposent *Ciel profond*, un ouvrage détaillé écrit par Christophe Lehénaff. Dans *Les Objets de Messier*, aux éditions Masson, Bernard Guillaud-Saumur et Olivier Réthoré nous présentent les 110 objets de Messier. Il constitue un bon point de départ pour appréhender le ciel profond.

Pour maîtriser l'astrophotographie, l'excellent *Astrophotographie*, de Thierry Legault, remporte à coup sûr tous les suffrages ! Très complet, ce livre est édité aux éditions Eyrolles.

Pour apprendre à se repérer dans le ciel, un atlas du ciel est toujours utile. Choisissez pour démarrer *L'Atlas du ciel* de Will Tirion, aux éditions Broquet. Un autre ouvrage, plus ludique mais tout aussi intéressant, est le *Grand Atlas des étoiles*, concocté par Serge Brunier, chez Larousse. L'idée originale de ce livre est l'utilisation de pages plastiques transparentes, se superposant à des photos du ciel d'excellente qualité.

Pour connaître au jour le jour ce qu'il y a à voir dans le ciel, Guillaume Cannat n'a pas son pareil : il sort tous les ans son *Guide du ciel*, aux éditions Nathan, détaillant tout ce qu'il y a à voir dans le ciel chaque année, de juin à juin. Un achat annuel indispensable.

Pour connaître l'actualité de l'astronomie et avoir de la lecture tous les mois sur le sujet, consultez les deux mensuels qui se partagent le marché : *Astronomie magazine* et *Ciel et Espace*. Pour un niveau plus élevé, *Astrosurf*, vendu par abonnement seulement, est fort intéressant (voir sur le site www.astrosurf.com pour plus de précisions).

Informatique et astronomie

L'informatique est un outil précieux en astronomie. Les planétariums virtuels, en particulier, sont une aide précieuse pour l'observateur. Ils permettent de préparer facilement une soirée d'observation. Citons Starry Night, excellent, mais en anglais seulement, et Redshift, son concurrent, qui existe en français. Un autre planétarium virtuel doit être cité : il s'agit de Balade à ciel ouvert. Ce logiciel français d'une beauté à couper le souffle vous donne des informations (avec la délicieuse voix de son auteur...) selon votre niveau de connaissance et au rythme de vos progrès. On a rarement vu plus pédagogique.

Pour les inconditionnels des sharewares et freewares, on ne peut passer à côté de Stellarium, téléchargeable sur www.stellarium.org. Celestia vaut également le détour ; on peut le télécharger sur www.celestia.fr. On trouve aussi de nombreux autres titres, plus ou moins complets, dont le pionnier mais toujours efficace Skyglobe, qui tient en quelques méga-octets.

D'autres logiciels permettent d'acquérir puis de traiter les photos astro : Registax, par exemple, est un bon outil pour travailler vos images, sans toutefois être compliqué. Parmi les plus réputés se trouve également Astrosnap. Si les logiciels musclés mais très techniques ne vous font pas peur, Iris est sans doute le plus puissant en la matière.

Linx4astro est un shareware sous Linux, utilisable directement par CD bootable, donc sans nécessiter l'installation de Linux sur votre ordinateur. Ce logiciel regroupe plusieurs outils, dont un planétarium et un logiciel d'acquisition d'images. Pour trouver tous ces logiciels, mais aussi des liens vers de nombreux autres sites, des forums de discussion, des petites annonces, etc., rendez-vous sur www.astrosurf.com. C'est le portail de référence pour la communauté astronome amateur francophone.

Les bonnes adresses

Pour acheter votre matériel, évitez à tout prix les grandes surfaces, où le conseil sera le plus souvent inexistant et le matériel rarement de bonne qualité. Préférez un magasin spécialisé : les 5 ou 6 qui ne vendent que du matériel d'astronomie sont sans doute les plus susceptibles de vous fournir de bons conseils. Citons L'astronome à Lorient, La maison de l'astronomie, rue de Rivoli à Paris, Optique Unterlinden à Colmar et Galileo à Hyeres, Pessac, Lausanne et Genève. Tous ont un site Internet pour la vente en ligne. Une mention particulière pour la boutique Uranie, à Vannes, une librairie qui vend également du matériel astro. Un lieu magique plein de trésors... Sur le Web : www.uranie-astronomie.fr.
La chaîne multispécialiste Nature & Découvertes, où, détail important, les vendeurs sont formés sur le sujet, vend également du matériel astronomique d'un bon rapport qualité-prix.
Vous trouverez aussi du matériel chez de nombreux opticiens. Si certains connaissent parfaitement le sujet, pour quelques autres, l'astronomie n'est qu'un complément de chiffre d'affaires. Dans ce cas, attention aux conseils venant de quelqu'un qui n'en connaît pas beaucoup plus que vous...

Aide mémoire

Les informations qui suivent vous seront précieuses lors de vos observations ou quand vous consulterez un ouvrage, une carte du ciel, etc.

Grossissement en fonction de la cible

Rappelons d'abord le calcul du grossissement :

$$G = F/f,$$

où G est le grossissement, F la focale de l'instrument en mm et f la focale de l'oculaire, en mm également.
On en déduit que la focale de l'instrument divisée par le grossissement voulu donne la focale de l'oculaire à utiliser. Par exemple, si l'on veut grossir 100 fois avec un instrument de 900 mm de focale, on utilisera un oculaire de 9 mm (F/G = f).

Le choix du grossissement dépend de l'objet observé. On utilise comme valeur de calcul le diamètre de l'instrument exprimé en mm :
- pour les objets peu lumineux mais étendus (galaxies, nébuleuses, comètes) : diamètre divisé par 3, voire 4 ;
- pour la Lune et les planètes : diamètre multiplié par 1 à 1,5 ;
- pour les étoiles doubles difficiles à séparer : diamètre multiplié par 2.

Ces valeurs sont à pondérer selon la qualité du ciel (transparence et stabilité).

Les constellations

Au nombre de 88, les constellations sont généralement nommées en français dans les pays francophones et en latin dans les autres. Ce tableau indique également leur abréviation et les mois où on peut observer chacune d'entre elles.

Nom	**Nom latin**	**Abréviation**	**Début de visibilité**	**Fin de visibilité**
Aigle	*Aquila*	Aql	Juillet	Août
Andromède	*Andromeda*	And	Octobre	Décembre
Autel	*Ara*	Ara	Juin	Juillet
Balance	*Libra*	Lib	Mai	Juin
Baleine	*Cetus*	Cet	Octobre	Décembre
Bélier	*Aries*	Ari	Novembre	Décembre
Boussole	*Pyxis*	Pyx	Février	Mars
Bouvier	*Bootes*	Boo	Mai	Juin
Burin	*Caelum*	Cae	Décembre	Janvier
Caméléon	*Chamaeleon*	Cha	Février	Mai
Cancer	*Cancer*	Cnc	Février	Mars
Capricorne	*Capricornus*	Cap	Août	Septembre
Carène	*Carina*	Car	Janvier	Avril
Cassiopée	*Cassiopeia*	Cas	Octobre	Décembre
Centaure	*Centaurus*	Cen	Avril	Juin
Céphée	*Cepheus*	Cep	Septembre	Octobre
Chevelure de Bérénice	*Coma Berenices*	Com	Avril	Mai
Chiens de Chasse	*Canes Venatici*	CVn	Avril	Mai
Cocher	*Auriga*	Aur	Décembre	Février
Colombe	*Columba*	Col	Janvier	Janvier

Nom	Nom latin	Abréviation	Début de visibilité	Fin de visibilité
Compas	*Circinus*	Cir	Mai	Juin
Corbeau	*Corvus*	Crv	Avril	Mai
Coupe	*Crater*	Crt	Avril	Avril
Couronne Australe	*Corona Australis*	CrA	Juillet	Août
Couronne Boréale	*Corona Borealis*	CrB	Juin	Juin
Croix du Sud	*Crux*	Cru	Avril	Mai
Cygne	*Cygnus*	Cyg	Août	Septembre
Dauphin	*Delphinus*	Del	Août	Septembre
Dorade	*Dorado*	Dor	Décembre	Janvier
Dragon	*Draco*	Dra	Mars	Septembre
Écu de Sobieski	*Scutum*	Sct	Juillet	Août
Éridan	*Eridanus*	Eri	Novembre	Janvier
Flèche	*Sagitta*	Sge	Août	Août
Fourneau	*Fornax*	For	Novembre	Décembre
Gémeaux	*Gemini*	Gem	Janvier	Février
Girafe	*Camelopardalis*	Cam	Décembre	Mai
Grand Chien	*Canis Major*	CMa	Janvier	Février
Grande Ourse	*Ursa Major*	UMa	Février	Mai
Grue	*Grus*	Gru	Septembre	Octobre
Hercule	*Hercules*	Her	Juin	Août
Horloge	*Horologium*	Hor	Novembre	Décembre
Hydre Femelle	*Hydra*	Hya	Février	Juin
Hydre Mâle	*Hydrus*	Hyi	Octobre	Décembre
Indien	*Indus*	Ind	Août	Octobre
Lézard	*Lacerta*	Lac	Septembre	Octobre
Licorne	*Monoceros*	Mon	Janvier	Février
Lièvre	*Lepus*	Lep	Janvier	Janvier
Lion	*Leo*	Leo	Mars	Avril
Loup	*Lupus*	Lup	Mai	Juin
Lynx	*Lynx*	Lyn	Janvier	Mars
Lyre	*Lyra*	Lyr	Juillet	Août
Machine Pneumatique	*Antlia*	Ant	Mars	Avril
Microscope	*Microscopium*	Mic	Août	Septembre
Mouche	*Musca*	Mus	Avril	Mai
Octant	*Octans*	Oct	Octobre	Octobre

Nom	Nom latin	Abréviation	Début de visibilité	Fin de visibilité
Oiseau de Paradis	*Apus*	Aps	Mai	Juillet
Orion	*Orion*	Ori	Décembre	Janvier
Paon	*Pavo*	Pav	Juillet	Septembre
Pégase	*Pegasus*	Peg	Septembre	Octobre
Peintre	*Pictor*	Pic	Décembre	Février
Persée	*Perseus*	Per	Novembre	Décembre
Petit Cheval	*Equuleus*	Equ	Septembre	Septembre
Petit Chien	*Canis Minor*	CMi	Février	Février
Petit Lion	*Leo Minor*	LMi	Mars	Avril
Petit Renard	*Vulpecula*	Vul	Août	Septembre
Petite Ourse	*Ursa Minor*	UMi	Mai	Juin
Phénix	*Phoenix*	Phe	Octobre	Novembre
Poisson Austral	*Piscis Austrinus*	PsA	Septembre	Octobre
Poisson Volant	*Volans*	Vol	Janvier	Mars
Poissons	*Pisces*	Psc	Octobre	Novembre
Poupe	*Puppis*	Pup	Janvier	Février
Règle	*Norma*	Nor	Juin	Juin
Réticule	*Reticulum*	Ret	Décembre	Décembre
Sagittaire	*Sagittarius*	Sgr	Juillet	Août
Scorpion	*Scorpius*	Sco	Juin	Juillet
Sculpteur	*Sculptor*	Sci	Octobre	Novembre
Serpent	*Serpens*	Ser	Juin	Août
Serpentaire	*Ophiucus*	Oph	Juin	Juillet
Sextant	*Sextans*	Sex	Mars	Avril
Table	*Mensa*	Men	Décembre	Février
Taureau	*Taurus*	Tau	Décembre	Janvier
Téléscope	*Telescopium*	Tel	Juillet	Août
Toucan	*Tucana*	Tuc	Septembre	Novembre
Triangle	*Triangulum*	Tri	Novembre	Décembre
Triangle Austral	*Triangulum Australe*	TrA	Juin	Juillet
Verseau	*Aquarius*	Aqr	Août	Octobre
Vierge	*Virgo*	Vir	Avril	Juin
Voiles	*Vela*	Vel	Février	Avril

Alphabet grec

Les lettres grecques sont souvent utilisées dans l'appellation des étoiles, Alpha correspondant à l'étoile la plus lumineuse d'une constellation, Béta à la deuxième, etc.

Majuscule	Minuscule	Prononciation
Α	α	Alpha
Β	β	Béta
Γ	γ	Gamma
Δ	δ	Delta
Ε	ϵ	Epsilon
Ζ	ζ	Zéta
Η	η	Êta
Θ	θ	Thêta
Ι	ι	Iota
Κ	κ	Kappa
Λ	λ	Lambda
Μ	μ	Mu
Ν	ν	Nu
Ξ	ξ	Xsi
Ο	ο	Omicron
Π	π	Pi
Ρ	ρ	Ro
Σ	σ	Sigma
Τ	τ	Tau
Υ	υ	Upsilon
Φ	ϕ	Phi
Χ	χ	Khi
Ψ	ψ	Psi
Ω	φ	Oméga

Dans le cadre de sa politique de développement durable, l'imprimerie Ages Arti Grafiche a obtenu
en 2004 la certification ISO 9001 : 2000
Cet ouvrage est imprimé, pour l'intérieur, sur du R400 Matt Satin 135 g
et pour la couverture sur du Chromocard 260 g
de la papeterie Fedrigoni certifié ISO 9001 et ISO 14001.

Dépôt légal : juin 2009
Numéro d'éditeur : 7586
Imprimé en Italie